国家中等职业教育改革发展示范学校建设项目成果系列

C#语言程序设计

刘仁锋　王乐天
刘培培　戴文静　编著

科 学 出 版 社
北　京

内 容 简 介

本书以开发一个常见的学生管理系统的项目为载体，全面介绍了使用C#语言开发信息管理系统的一般过程与方法，从理论到实训，以任务形式展开，逐渐细化。基础理论的讲解围绕开发程序的四个基本要点，实训操作以完善各个功能模块来组织教学，这样既能加深学生对C#语言的全面了解，又能提高实际运用能力。

本书适合于中职计算机相关专业学生，同时也适合具有一定的C语言基础、自学C#语言程序设计的编程爱好者使用。

图书在版编目（CIP）数据

C#语言程序设计/刘仁锋等编著. —北京：科学出版社，2016

（国家中等职业教育改革发展示范学校建设项目成果系列）

ISBN 978-7-03-046088-2

Ⅰ.①C… Ⅱ.①刘… Ⅲ.①C语言-程序设计 Ⅳ.①TP312

中国版本图书馆CIP数据核字（2016）第251828号

责任编辑：陈砺川 韩 东 / 责任校对：陶丽荣

责任印制：吕春珉 / 封面设计：东方人华平面设计部

科学出版社出版

北京东黄城根北街16号

邮政编码：100717

http://www.sciencep.com

北京虎彩文化传播有限公司印刷

科学出版社发行 各地新华书店经销

*

2016年6月第 一 版 开本：787×1092 1/16

2020年7月第三次印刷 印张：12 1/2

字数：290 000

定价：29.80元

（如有印装质量问题，我社负责调换〈虎彩〉）

销售部电话 010-62136230 编辑部电话 010-62135120-8013

课程说明

一、为什么要学习 C#语言

当笔者提出为计算机应用专业开设一门“C#语言程序设计”课程后，就不断被问及原因，这个疑问有的来自笔者的同事，也有的来自兄弟院校的同人，还有的来自学生。诚然，在全国中职学校来看，有开设 Visual Basic（VB）课程的，有开设 Visual FoxPro（VF）课程的，却极少有开设 C#课程的。但从企业的应用情况来看，VB 的使用量已经接近冰点，VF 已经被微软公司放弃很多年了。通过企业调研发现，使用最多的开发语言还是 C/C++、Java 与 C#，那么为什么要学习 C#呢？

1. C#语言介绍

C#是微软公司在 2000 年 6 月发布的一种编程语言，主要由来自 Borland 公司的有“Delphi 之父”之称的安德斯·海尔斯伯格（Anders Hejlsberg）主持开发，它是第一个面向组件的编程语言，其源码会编译成 MSIL 再运行。它借鉴了 Delphi 的一个特点，与 COM（组件对象模型）直接集成，并且新增了许多功能及语法糖，而且它是微软公司.NET Windows 网络框架的主角。

C#读作 C Sharp，最初它有一个更酷的名字，叫作 COOL。微软从 1998 年 12 月就开始了 COOL 项目，直到 2000 年 2 月，COOL 被正式更名为 C#。在 1998 年，Delphi 语言的设计者 Hejlsberg 带领着 Microsoft 公司的开发团队，开始了 C#语言第一个版本的设计。在 2000 年 9 月，国际信息和通信系统标准化组织为 C#语言定义了一个 Microsoft 公司建议的标准。最终 C#语言在 2001 年得以正式发布。

Hejlsberg 最初在微软开发了 Visual J++ 1.0。SUN 公司认为 Visual J++ 违反了 Java 开发平台的中立性，对微软提出了诉讼。2000 年 6 月 26 日微软在奥兰多举行的“职业开发人员技术大会”（PDC 2000）上，发表新的语言 C#。C#语言由此取代了 Visual J++。

从世界编程语言排行榜看，C#使用率上升非常迅速，2009 年排名第 8 位，2010 年上升至第 6 位，2011 年上升至第 4 位，2012 年上升至第 3 位，此后一直稳定在第 4、第 5 的位置。

从上面的介绍可以获得以下几个重要信息。

1）C#在程序设计语言中属于绝对的“新人”，从 2001 年正式发布，用了不到 10 年的时间就成了世界编程语言中的重要一员。

2）C#比 C 与 C++要简单很多。

3）C#与 Java 无论是结构还是语法都惊人地相似，学习 C#的程序员，要转到 Java 并不是一件困难的事情。

2. C#语言的优势

（1）与 C/C++相比的优势

C/C++注重的是程序的执行效率与语法的灵活性，但学习难度非常大，开发效率低，除非是开发对执行效率要求非常高的系统软件，否则大多数情况下不会采用 C 或 C++开发软件。而 C#正好可以弥补这方面的缺陷，可以扬长避短，发挥它开发效率高的优势。

（2）与 Java 相比的优势

两者都是采用托管代码机制，Java 需要安装 JVM 以执行 Java 开发的应用程序，而用 C#开发的应用程序也需要依赖.NET Framework 才能执行，但在微软 Windows 桌面系统普及的今天，.NET Framework 的装机率肯定比 JVM 高得多。现在的 Windows 操作系统中，.NET Framework 基本上成了装机必备软件。

更重要的是开发环境的支持，C#依托于微软公司推出的 Visual Studio 集成开发环境，几乎不需要任何配置就可以开发出实用的应用程序，而 Java 语言本身没有集成开发环境，而是采用第三方开发工具，环境配置相当复杂，很多初学者因为环境配置失败而失去了学习的热情。

Java 最大的优势是免费与开源，但从 2014 年微软公司也宣布将.NET Framework 的服务器版本开源后，.NET 开发的服务器软件也可以部署到 Linux 或苹果系统中。

（3）与 PHP 相比的优势

严格地说，PHP 构成威胁的不是 C#，而是 ASP.NET，PHP 是动态网站开发语言，现在还占据着较大的市场份额，开发 ASP.NET 网站可以采用 C#与 VB，开发动态网站只是 C#开发的一个方向，C#除了可以开发网站外，还可以开发桌面应用程序与移动 APP，而学习 PHP 就只能做网站，无法直接转到其他应用开发。C#的发展前景和空间很明显要优于 PHP 的。

（4）C#自身的优势

C#资源丰富，环境和资料基本都是中文的，对于英文水平普遍不高的职校学生来说，是一门理想的入门语言。因其与 Java 语法和编程思想类似，即使以后转向 Java 或基于 Java 的 Android 开发与 iOS 开发，也不是一件困难的事情。另外，程序设计语言是相通的，区别也只在于开发环境与语法结构的不同，通过一门容易上手的语言程序设计训练编程思维才是最重要的。

二、C#能做什么

简单地说，C#是为了追求高效的开发效率而开发的一种托管代码语言，所谓托管，是指 C#生成的可执行文件并不是机器语言，而是称为 IL 的中间语言，中间语言需要由.NET 框架解释执行。因此，C#开发的应用程序必须在.NET Framework 平台支撑下才可以执行，因为增加了一个中间层，效率上会大打折扣，不适合开发对执行效率要求高的系统软件。

总的来说，C#至少可以应用于以下 3 个方面的开发工作。

1）Windows 桌面程序开发。包括信息管理系统，越来越多的桌面应用程序采用了 C#编写，包括人们普遍使用的各类激活工具。

2）网站开发。ASP.NET 近几年来发展迅速，越来越多的门户网站、基于 Web 的信息管理系统、自动化办公系统采用 ASP.NET 开发，其中绝大部分使用 C#作为后台开发语言。

3）移动 APP 的开发。C#也能开发 Android 程序，在 Mono 的支持下，.NET 程序可以实现跨平台使用；微软已经正式从桌面系统转向移动平台，成为了继 iOS、Android 后的第三大智能移动平台，随着微软公司平台战略的成功转移，移动平台的.NET 工程师需求量会暴增。

三、关于学什么程序设计语言

很多初学者总喜欢在各大论坛或问答平台询问这样的问题:“我应该学什么语言？”“什么语言最实用？”“什么语言最简单？”“什么语言好找工作？”……其实这种问题是没有答案的，一种语言存在就有它存在的理由，语言没有实不实用之分，关键看应用场合，语言本身没有好坏之分，语言之间也是相通的，并没有明显界线，编程的关键是算法与思维。下面给初学编程者提几点忠告。

1）不要纠结应该学什么语言，更多的应该是关注怎样学好一种语言。

2）“一分耕耘，一分收获”，学习编程没有捷径，试想如果没有难度，企业凭什么要给员工开高工资。

3）“师父引进门，修行在个人”，学校也好，培训班也好，只能帮助你入门，不要把希望寄托在他人身上。

4）“多为成功找方法，不为失败找理由”，“学不会”不是放弃学习的理由，因为这个世界不相信弱者。

刘仁锋

深圳市第二职业技术学校

前 言

经过市场调研发现，如果职业学校毕业的学生从事了软件开发方面的工作，其中绝大多数会从事数据库方面的开发工作，因此，本书重点介绍使用 C#进行数据库管理系统开发的一般方法，同时也通过应用系统的开发，让读者了解和熟悉软件开发的一般流程与方法。

本书以开发一个常见的学生管理系统为主线，全面介绍使用 C#语言开发信息管理系统的一般过程与方法。全书有 11 个单元，先通过回答 4 个问题来介绍使用 C#语言开发 Windows 应用程序时的基本方法与理论基础，这 4 个问题分别是：如何开发 Windows 应用程序、什么是面向对象编程、数据放在哪儿、程序出错了怎么办。在回答这 4 个问题的同时，也配有相应的任务以加深对知识点的理解。然后再以完善各个功能模块为目的组织教学内容，一个功能模块就是一个学习任务，有的任务一次课能够讲完，有些较复杂的任务需要几次课，甚至数周才能完成。

关于数据库访问技术，.NET 框架从 3.5 版本开始，推出了一项全新的数据库访问技术——LINQ to SQL，使用 LINQ to SQL 访问数据库比 ADO 要简单、方便很多，可以极大提升开发效率，语法规范与使用方法也不相同，市面上使用.NET 开发的数据库管理系统基本上采用了 LINQ to SQL 技术。但由于 LINQ to SQL 只有.NET 框架支持，为了方便学生能够顺利转向其他语言进行开发工作，本书并没有介绍使用 LINQ to SQL 技术访问数据库的方法，相关技术将在后续课程中介绍。

本书旨在介绍使用 C#开发 Windows 信息管理系统的必备知识与一般方法，并不面面俱到地讲解 C#各个方面的细节。C#作为一门成熟的编程语言，完全可以用博大精深来形容，很多抽象的概念与复杂的方法，无法在这本书里一一介绍，只能留给有志于精通这门语言的读者自行去探究。本书配套资源可在 http：//www.abook.cn 网站下载，书中部分任务的操作步骤以视频形式展现，扫描相应的二维码即可观看。

作为中等职业学校计算机应用专业的试用教材，本书不再介绍程序设计的基本语法、3 种结构等基础知识，所以要求本书的读者至少学习过一门 C 系列编程语言，并且有一定的程序设计基础。

本书还适合为中高职衔接打基础的中职学生，以及希望对 C#开发 Windows 应用程序有所了解的中高职学生及其他人群。

全书参考学时为 102 课时，具体情况见下表。

单　元	课　时
1	8
2	10
3	16
4	8
5	6

续表

单　元	课　时
6	12
7	10
8	10
9	8
10	10
11	4
合计	102

本书由刘仁锋、王乐天、刘培培、戴文静共同编写，前10个单元由刘仁锋编写，单元11由王乐天与刘培培编写，戴文静负责排版、校稿与软件调试，全书由刘仁锋统稿。

本书编写过程中，我们得到了专注于教育软件开发的深圳市龙创软件有限公司朱铁力技术总监的大力支持。他为本书提供了案例原型，并针对职教学生的认知特点对内容进行了合理取舍。同时，深圳为之信息技术有限公司的创始人詹灿先生对本书进行了认真审阅，并对章节安排与任务划分提出了建设性指导意见，在此一并表示感谢。

限于作者能力有限，书中难免存在疏漏和不足，敬请专家和读者提出宝贵意见。

目录

1

单元 1 如何开发出 Windows 应用程序

单元导读

1. 了解C#语言
2. 开发Windows应用程序有什么条件
3. 开发Windows应用程序的一般方法

技能目标

1. 熟悉Visual studio开发工具
2. 掌握基本Windows控件属性与方法

任务内容

1. 开发一个Windows应用程序
2. 通过拖放控件制作程序界面

单元重点

1. 熟悉Visual studio开发环境
2. 掌握使用熟悉Visual studio开发桌面程序的方法
3. 熟悉常用Windows控件的使用

任务 1-1 开发第一个 Windows 应用程序

任务分析

“万事开头难”，掌握开发 Windows 应用程序的基本方法，是学习后面知识的前提条件，这对初学者来说比较难，但掌握之后会发现使用 VS 开发一个 Windows 应用程序就像使用 Word 生成一个文档一样简单、方便。

必备知识

大多数程序开发人员是通过 C 语言入门的，但初学者普遍存在一个疑问：我们开发的程序运行时就是一个黑屏幕，只能显示一些字母或数字，如何能开发出具有图形效果的 Windows 窗口程序呢？有人认为 C 语言无法开发出 Windows 应用程序，是这样吗？

开发什么类型的程序，只与生成的可执行文件相关，而与使用什么语言并没有关系，那种执行结果在黑屏幕显示的应用程序称为控制台应用程序，Windows 窗口类应用程序称为 Windows 窗体应用程序，通常称为 WinForm 应用程序。开发 Windows 窗体应用程序一般使用微软公司出品的专业开发工具 Microsoft Visual Studio，这是诸多 Windows 应用程序开发工具中最易用的一款，甚至是所有软件开发工具中最友好的工具。

因历史原因，使用 C 语言开发 Windows 应用程序难度与复杂度都很高，开发效率较低，除非开发特殊应用程序，一般不直接使用 C 语言开发 Windows 应用程序。可用于开发 Windows 窗体应用程序的语言很多，当前使用较多的是微软公司 2001 年推出的 C#语言，C#语言具有代码简洁、开发效率高等优点，越来越多地受到程序开发人员的喜爱。C#使用的是基于 Microsoft. NET Framework 的托管代码，因此，运行 C#生成可执行文件时必须安装相应版本的 Microsoft . NET Framework。

Visual Studio 是微软公司推出的 Windows 应用程序开发利器，简称 VS，当前最新版本是 Visual Studio 2015，本书以 Visual Studio 2012 为例进行讲解。自 Visual Studio 2005 以后，使用不同版本 VS 开发 Windows 应用程序对于初学者来说，差别并不大，但高版本 VS 会集成一些新的功能，利用这些新功能可以提高开发效率。

任务步骤

01 打开 Microsoft Visual Studio 开发环境

02 打开“文件”菜单，选择新建项目

在“新建项目”对话框中选择 Visual C#模板下的“Windows 窗体应用程序”选项，并

设置好项目名称与保存位置，单击“确定”按钮，如图 1-1 所示。系统会自动打开 Windows 窗体应用程序开发窗口，如图 1-2 所示。

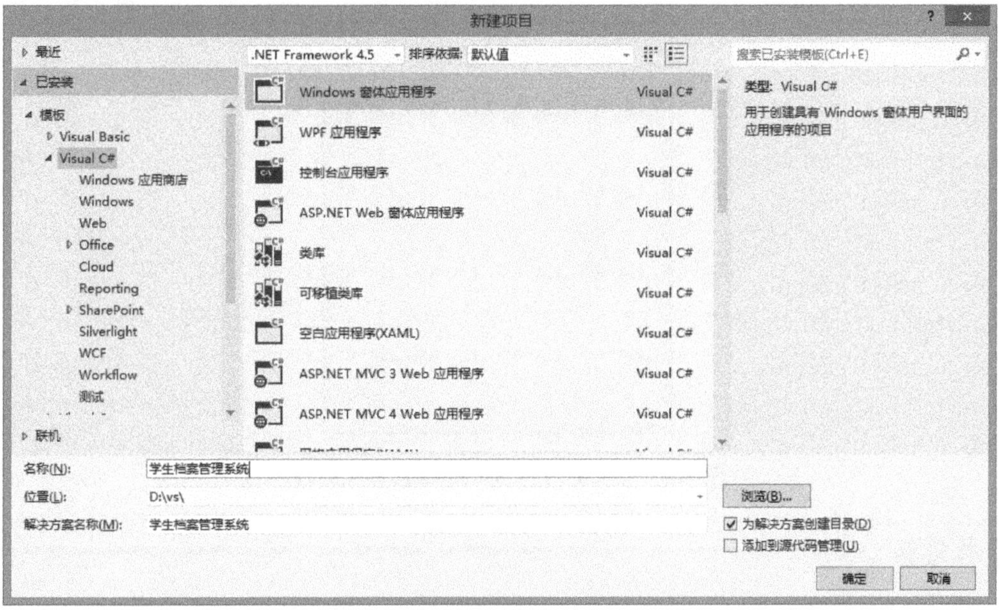

图 1-1 使用 VS 新建一个 C#项目

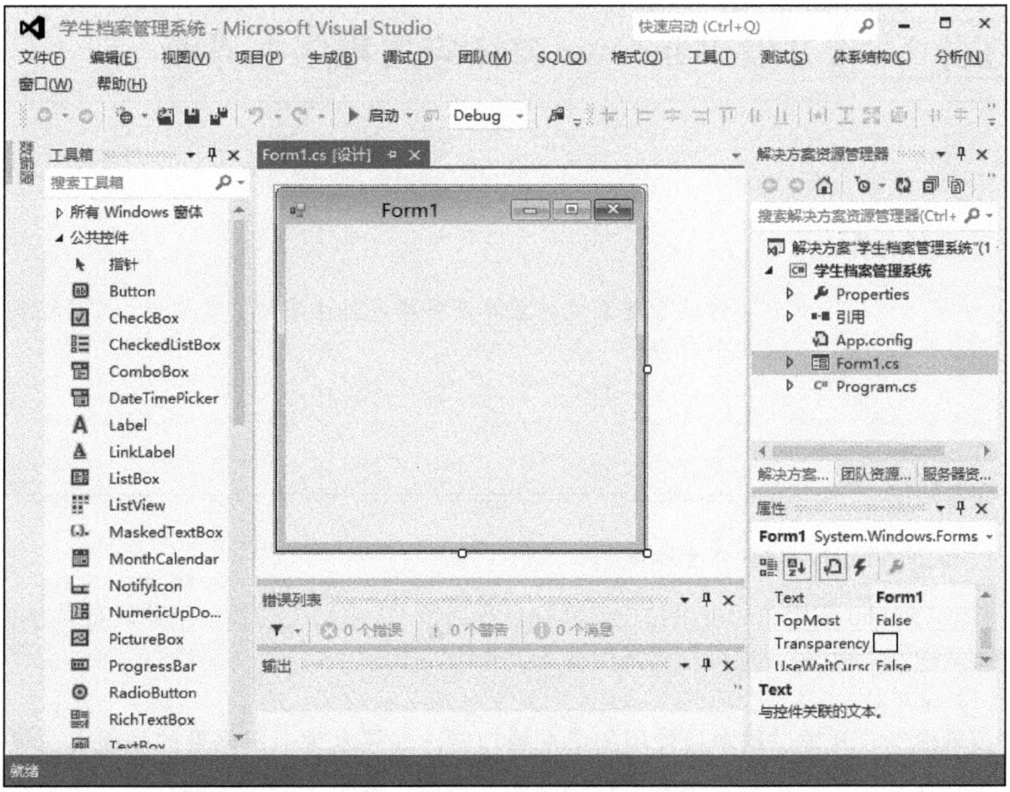

图 1-2 VS 2012“Windows 窗体应用程序”开发窗口

此时，不进行任何操作及代码编写，单击上面的“启动”按钮，执行程序，运行结果如图 1-3 所示。至此，第一个 Windows 应用程序开发完成，虽然没有任何功能，但已经具有了 Windows 应用程序的基本属性，可以实现标题栏拖动，窗口最大化、最小化、缩放以及关闭等操作。

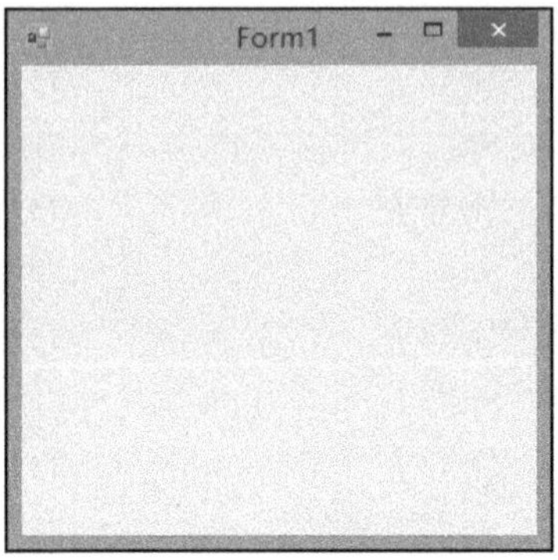

图 1-3　一个空白的 Windows 窗体应用程序

任务总结

本任务以熟悉软件为主，简单介绍了创建一个空白的 Windows 窗体应用程序的方法。

任务 1-2　开发 Windows 窗体应用程序主界面

任务分析

传统管理系统的主界面一般包括主窗口、菜单栏、工具栏和状态栏几个部分。

必备知识

1．认识 Visual Studio 开发环境

Visual Studio 环境布局可以按自己喜好自行调整，大多数人习惯使用默认布局方案，布局方案又称为“视图”，现分别对常用视图类介绍如下。

（1）菜单栏

菜单栏包含开发过程中所使用的最常用功能，如果发现自己需要的功能不在菜单栏中，可以自行定制。定制方法如下，以添加“调试”菜单中的“全部分离”命令为例，步骤如下。

① 打开“工具”菜单，选择“自定义”命令，弹出“自定义”对话框，切换到“命令”选项卡，如图 1-4 所示。

② 在“菜单栏”下拉列表框中选择“调试”选项，如图 1-5 所示。

图 1-4　自定义菜单栏第①步

图 1-5　自定义菜单栏第②步

③ 单击“添加命令”按钮，弹出“添加命令”对话框，在“类别”列表框中选择“调试”选项，然后在“命令”列表框中选择“全部分离”选项，如图 1-6 所示。

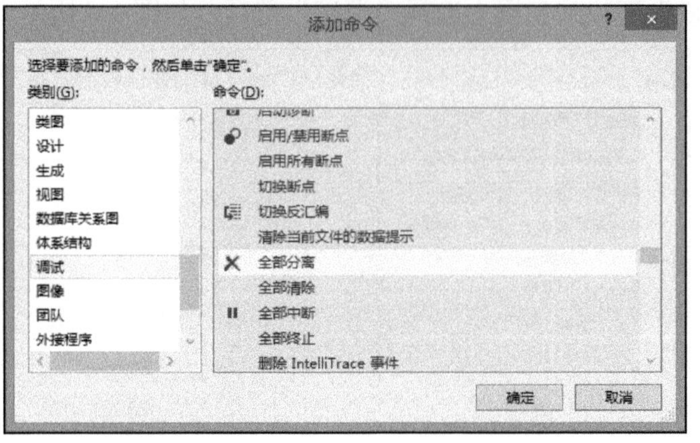

图 1-6　自定义菜单栏第③步

④ 单击“确定”按钮，发现“全部分离”选项出现在“控件”列表框中，可以通过“上移”或“下移”按钮调整菜单项位置，如图 1-7 所示。

图 1-7　自定义菜单栏第④步

⑤ 单击“关闭”按钮，至此，完成添加菜单项的操作。

“全部分离”功能在 WinForm 开发中并没有什么作用，但在网站开发中非常重要。

（2）工具栏

工具栏一般位于菜单栏下方，目的在于快捷使用系统功能，如图 1-8 所示。工具栏同样支持用户定制，定制方法与定制菜单栏相似。

（3）工具箱

工具箱只在界面编辑环境下出现，在编写代码时自动隐藏，如图 1-9 所示。

工具箱用于拖放各类标准 Windows 控件到应用程序中，具体内容将在单元 2 介绍。

图 1-8　VS 2012 常用工具栏

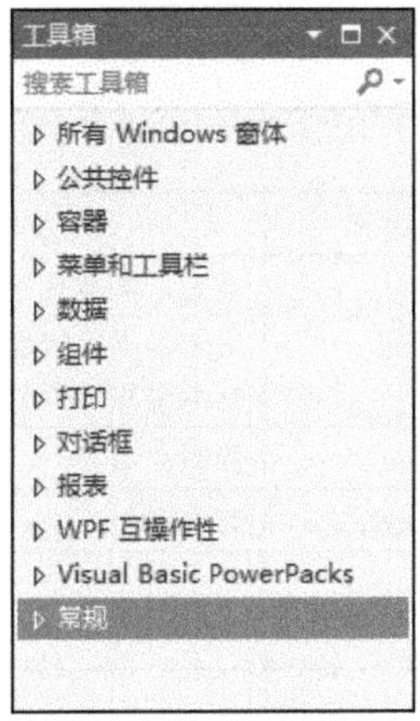

图 1-9　折叠的工具箱

（4）属性栏

属性栏用于设置各类工具的属性，同样只在界面设计时出现。

（5）管理器

管理器包括“解决方案资源管理器”、“团队项目管理器”和“服务器资源管理器”等部分。解决方案资源管理器用于管理项目中所有的资源；服务器资源管理器用于连接其他服务器，一般用于管理数据库服务器；团队项目管理器用于管理团队项目，初学者一般不会用到。

（6）调试窗口

调试窗口用于调试程序，包括错误输出、变量监视、日志等内容，具体内容将在单元 4 介绍。

（7）调整界面视图布局

“视图”菜单有各类视图布局的开关，用于显示或隐藏各类视图，单击视图窗口标题栏拖动，系统会开启自定义视图停靠功能，根据用户需求将视图拖放到不同位置。

2．Windows 标准控件

Windows 系统的一大特点是提供了统一的标准界面元素，统称为控件，Windows 标准控件样式及功能均由 Windows 操作系统提供，程序开发者只需要按要求调用即可，Visual Studio 中使用控件的方法很简单，只需要在工具箱中选择要使用的控件，拖入或绘制到表单的指定位置即可。

Windows 系统在提供标准控件的同时，还提供了供用户选择或设置的特征，这种特征在 Windows 程序开发中称为“属性”，属性在 Windows 应用程序开发中是一个很重要的概念，将在单元 2 详细介绍。

（1）表单

表单（Form）实际上就是一个 Windows 窗口，是其他控件的容器，使用 C#开发应用程序，一般都会从加载一个表单开始。正因为表单是一个控件容器，因此，它既可以简单地充当一个普通对话框，也可以复杂到作为程序的主操作界面。

Form 提供的属性很多，常用属性如表 1-1 所示（其中用到的 True 与 False 表示真与假，是 C#中的两个常量）。

表 1-1　表单基本属性

属性名称	中文解释	使用说明
Name	命名，需遵从一般命名规则，必须以下划线或字母开头（包括中文），不允许包含特殊字符	给表单命名，便于代码调用，系统中不允许重名
Text	标题文本	出现在标题栏中的文字，通常称为窗口标题
BackColor	背景颜色	给表单设置背景颜色
BackgroundImage	背景图片	给表单设置一幅背景图片，支持所有流行的图片格式，但必须以资源的方式导入
ControlBox	是否显示窗口控制栏	设置为 False 时，表单标题栏只显示窗口标题，“最大化”、“最小化”及“关闭”按钮不出现，同时图标和系统菜单也会隐藏
ForeColor	文字颜色	设置表单上的文字颜色
Icon	图标	设置表单的图标（.ico 文件），如果是启动表单，则该图标就成了应用程序的默认图标
Location	定位	设置启动时的坐标值，只有在启动位置设置为 Manual（手动）时才有效
MaximizeBox	最大化控制框	设置 True 显示最大化框，设置为 False 则最大化框变灰不可用。如果最大化与最小化框同时为 False，则隐藏这两个控制框
MaximumSize	窗口最大尺寸	表单允许最大尺寸，设置宽（Width）和高（Height）的值，如果设置为(0,0)，则以屏幕大小为准
MinimizeBox	最小化控制框	设置 True 显示最小化框，设置为 False 则最小化框变灰不可用。如果最大化与最小化框同时为 False，则隐藏这两个控制框
MinimumSize	窗口最小尺寸	表单允许最小尺寸，设置宽（Width）和高（Height）的值。此值只对鼠标调整窗口大小有效，单击“最小化”按钮时不受这个设置控制
Opacity	透明度	设置表单透明度，100%表示全显示，0%表示全不显示，中间值设置为半透明状态，设置值控制透明度
ShowInTaskBar	是否显示在任务栏	决定程序启动时是否出现在任务栏中，只对启动主表单有效
Size	设置尺寸大小	设置启动时的宽和高
StartPosition	初始位置	启动时所停靠的位置，有以下值可选： WindowsDefaultLocation：默认位置，不固定 Manual：手动控制，根据程序员设置的 X 和 Y 属性定位 CenterScreen：屏幕正中间，以屏幕为准，一般用于启动主表单 WindowsDefaultBounds：默认位置、边界，包括尺寸大小 CenterParent：父窗口的正中间，以父窗口为准，用于一般表单
TopMost	置顶	总是位于其他窗口的上面，全屏时要慎用，否则，可能会盖住整个屏幕，而无法操作其他程序
WindowState	窗口状态	设置表单启动时的状态，包含以下 3 个属性： Normal：正常，按设定大小与位置显示 Maximized：最大化，启动时最大化窗口，一般用于主界面表单 Minimized：最小化，启动时最小化窗口，一般用于不需要窗口显示的应用程序

一个 Windows 程序中可以包含多个表单，每个表单必须具有不同的命名，表单中不能插入表单，表单也不出现在工具箱中。添加一个新表单，其实相当于添加一个新功能模块，添加方法如下。

在解决方案资源管理器中，右击项目名称，选择弹出的快捷菜单中的“添加”菜单项，在子菜单中选择“新建项”命令，如图 1-10 所示，在“添加新项”对话框中选择“Windows 窗体”选项，然后在下方进行命名，这个命名是文件名，一旦生成，难以修改，如图 1-11 所示。这里需要养成一个好习惯，尽量不要使用中文命名。

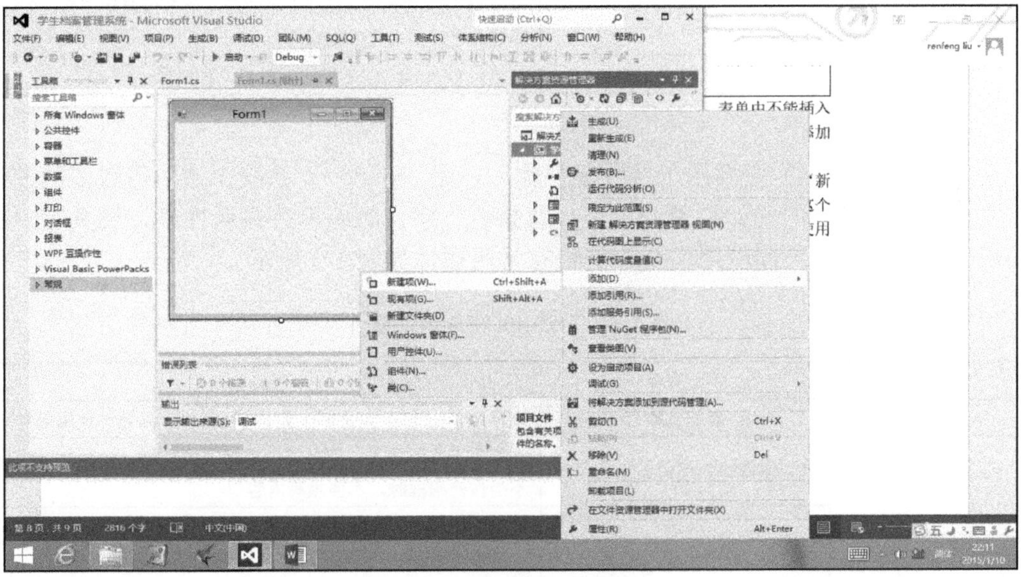

图 1-10　选择“新建项”命令

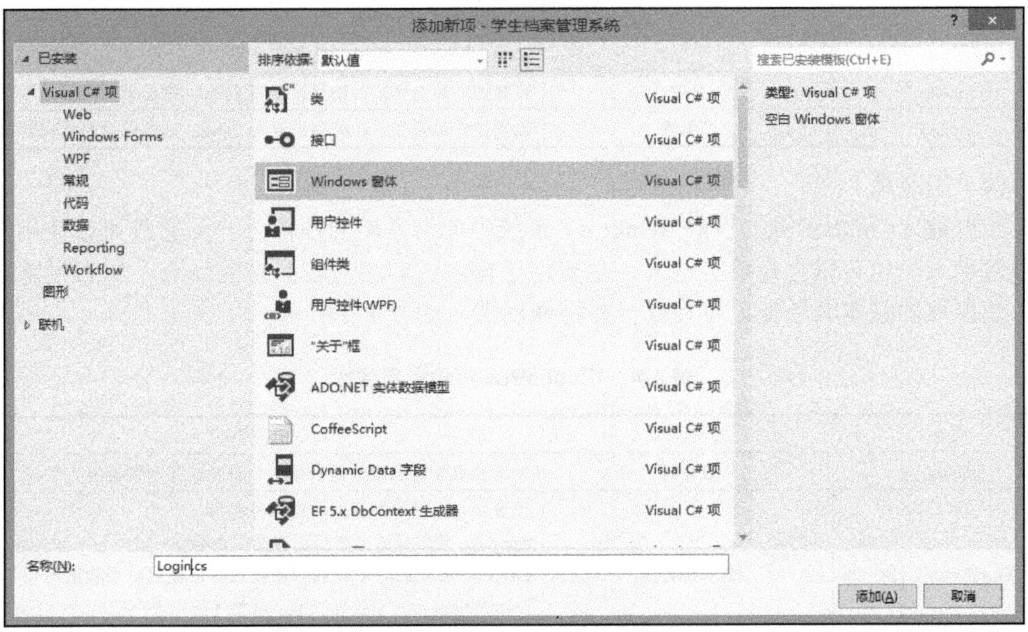

图 1-11　在项目中添加新窗体

各 Form 之间如何相互调用启动，将在后面单元中介绍。

（2）文本标签

文本标签（Label）的使用方法比较简单，主要用于文本的显示，常用属性包括位置、大小、字体、字号、颜色等，如表 1-2 所示（部分属性已在表单中介绍，这里不再重复）。

表 1-2 Label 控件常用属性

属性	中文解释	使用说明
AutoSize	自适应大小	设置为 True 表示该 Label 大小随着文字多少自动调整，否则使用固定大小，多余文字隐藏
TextAlign	文本在控件中的定位	默认是 TopLeft，表示左上，共有 9 种设置

（3）文本框

文本框（TextBox）主要用于接收用户输入，是 Windows 系统中使用得较多的控件之一，文本框除了具有一些如位置、大小、背景色、字体颜色等公共属性外，还具有一些特有的属性，以适用于不同应用场合，其特有常用属性如表 1-3 所示。

表 1-3 TextBox 控件常用属性

属性	中文解释	使用说明
Multiline	多行文本	设置为 True 表示接受多行文本，否则表示只允许使用单行文本
PasswordChar	作为密码输入框时显示的字符	如果用于密码输入，则可以设置输入值掩码，一般使用*或●，不当作密码框时，不要填写内容
ReadOnly	只读	设置为 True 时，表示该文本框只允许显示内容，不可修改
ScrollBars	滚动条	只有在多行模式才生效，可设置值如下： None：无滚动条 Horizontal：水平滚动条 Vertical：垂直滚动条 Both：同时具有水平与垂直滚动条
Enable	有效	设置控件是否有效，如果设置为 False，则显示灰色，不可控制
Visited	可见性	设置控件是否显示，如果设置为 False，则控件不显示在窗口上

（4）组合框

组合框（ComboBox）也是 Windows 系统中非常常用的控件之一，它既可以让用户选择项目输入，也可以自行手工输入，主要用于输入内容相对较固定的场合，组合框除了具有普通控件的基本属性外，还具有一些特殊属性，如表 1-4 所示。

表 1-4 ComboBox 控件常用属性

属性	中文解释	使用说明
DataSource	数据源	为组合框配置选项数据来源，一般通过绑定数据库实现
DropDownStyle	列表框样式	设置组合框使用的样式，有 3 种选择： Simple：简单模式，相当于普通文本框 DropDown（默认）：既可以下拉选择，也可以手动输入 DropDownList：下拉列表框，只允许从列表项中选择，不允许手动输入

续表

属性	中文解释	使用说明
DropDownHeight	组合框高度	设置列表框最大高度值，如果列表项总高度值超过设定值，则自动出现垂直滚动条
DropDownWidth	组合框宽度	设置组合框的宽度，如果不设置宽度，则系统自动以最长的列表项为准；如果设置宽度不够，自动出现水平滚动条
Items	选择项集合	设置供选择条目，如果有数据绑定，该设置失效。组合框中无论是读还是写，都是对 Item（选择项）操作的

（5）按钮

按钮（Button）是 Windows 系统中使用非常频繁的控件，一般用于给系统下命令，因此，通常称为“命令按钮”，按钮没有特殊属性，使用比较简单，重点在于编写命令代码。

（6）复选框

复选框（CheckBox）用于选择或显示“是”与“否”属性，控件具有选中与不选中两个状态，其特殊属性只有 Checked，表示是否选中，用 True 与 False 标识。

（7）单选按钮

单选按钮（RadioButton）与复选框功能类似，但单选按钮具有排他性，同一组按钮中，只能选中一个，而复选框可以多选也可以一个都不选。因为单选按钮具有排他性，因此，如果在一个表单中需要同时让两个或两个以上的 RadioButtton 控件被选中，则需要使用其他容器将 RadioButton 控件分成几组，一般使用 GroupBox 容器分组，使用效果如图 1-12 所示。

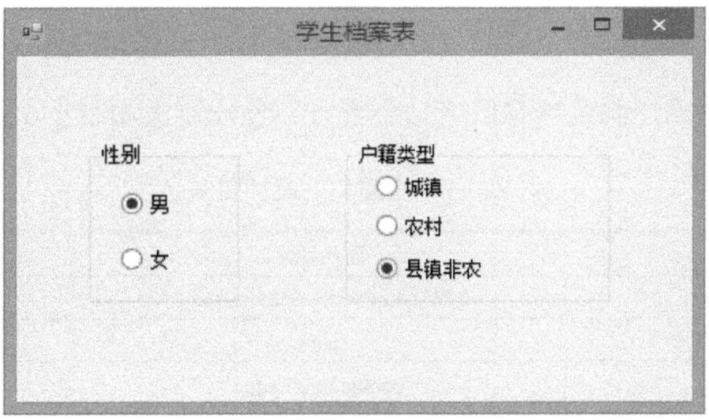

图 1-12　单选按钮分组效果

（8）数字微调控件

数字微调控件（NumericUpDown）用于严格要求数字范围的输入框，现实中用得并不多，但在限定范围的数字输入中还是较实用的，该控件具有一些特殊属性，如表 1-5 所示。

表 1-5　NumericUpDown 控件常用属性

属性	中文解释	使用说明
Hexadecimal	十六进制显示	设置是否显示为十六进制
DecimalPlaces	小数位数	设置小数位数，默认 0，表示整数

续表

属性	中文解释	使用说明
Increment	数值增量	设置微调时的数值变化值，可以是小数
Maximum、Minimum	数值范围，最大与最小值	设置允许的最大值与最小值，可以是小数
Value	值	设置或读取当前的数值

（9）日期时间选择器

日期时间选择器（DateTimePicker）用于输入日期或时间，可以严格按日期、时间要求获取到合法的日期、时间值，该控件功能强大，但设置简单，较重要的是 Format 属性，设置为 Time 时，表示输入时间，其他都是不同格式的日期，符合中国人使用习惯的是长格式（Long）。

（10）嵌入 Web 浏览器

在窗口上放置一个网页浏览器，实际上是调用微软 IE 的内核（WebBrowser），该控件使用简单，只有一个较重要的特殊属性 URL，表示要打开的网址，一般是以 http://开头的完整 URL 地址。

Visual Studio 中的控件很多，除了标准控件外，还有一些扩展控件，无法一一列举，这里仅仅介绍了几个非常常用的标准控件，在以后的学习中还会使用一些较复杂的复合控件。

使用 Windows 标准控件实现界面布局时，控件的位置以及控件的大小需要设置整齐统一，Visual Studio 提供了一组专门的辅助布局工具，位于工具栏的上方，非常实用。

任务步骤

01 主窗口设计

作为主窗口的表单，需要具有以下几个特点。设计要求如表 1-6 所示。

表 1-6　主窗口的设计要求

设计目的	属性设置	备注
启动时最大化	WindowState：Maximized	
具有自己的标志性图标	Icon	不是必需的
具有背景图片	BackgroundImage	具体设置见说明

（1）设置图标

图标是一种特殊的图片资源，分辨率低，一般为 64×64、48×48 或 32×32 像素，颜色最多只支持 256 色，图标来源主要分两类，一类是在 VS 环境中生成图标文件，一类是用第三方工具制作。

使用 Visual Studio 制作 ICO 图标时，右击解决方案，选择“添加”→“新建项”命令，弹出“添加新项”对话框，选择“图标文件”，命好名后单击“添加”按钮，将进入图标编辑窗口，如图 1-13 和图 1-14 所示。

通过以上方法，要想制作出漂亮的图标，难度较大，一般需要使用第三方工具生成图标文件、Photoshop 中无法默认生成图标文件，但可以下载一个图标文件插件。按要求安装后，就可以生成图标文件了。

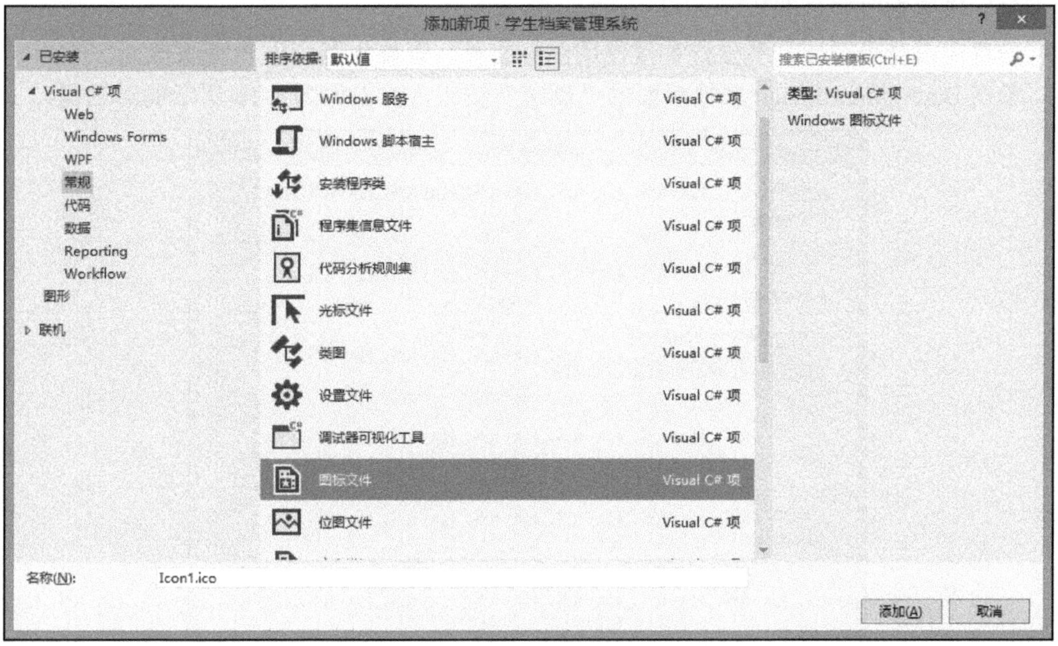

图 1-13　在项目中添加图标文件

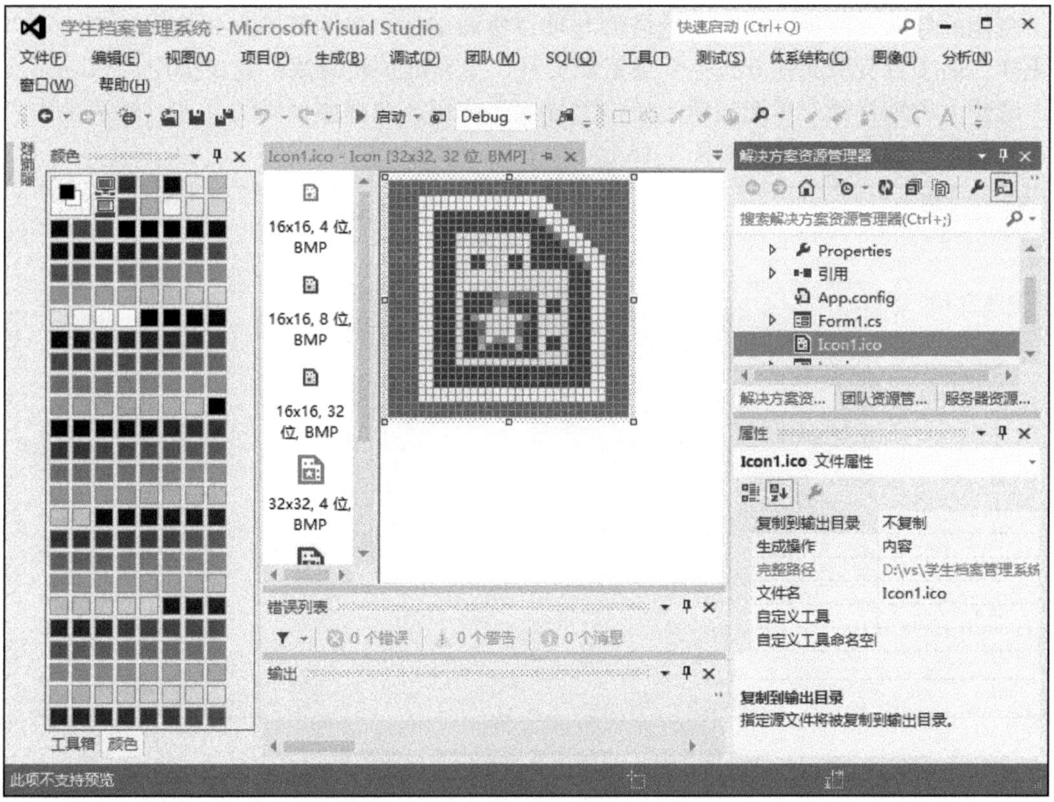

图 1-14　在 VS 开发环境中编辑图标文件

（2）设置窗口背景图片

设置窗口背景图片时不支持直接使用图片文件，需要将图片作为资源导入。

单击 BackgroundImage 属性后面的“浏览”按钮，弹出如图 1-15 所示的对话框。

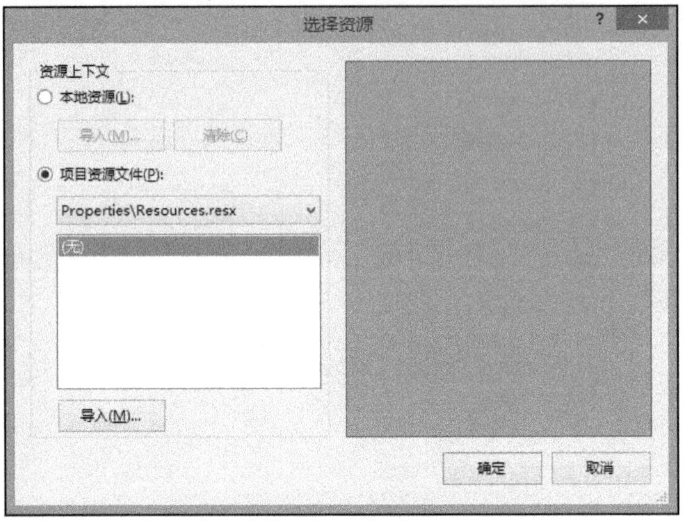

图 1-15　选择背景图片资源

资源的导入有两种方式：本地资源与项目资源文件。本地资源方式使用方便，可以随时更换；而项目资源文件方式会生成资源文件，更新维护较麻烦，建议少用。

选择“本地资源”单选按钮，单击“导入”按钮，选择要使用的文件，然后单击“确定”按钮，完成操作，结果如图 1-16 所示。

图 1-16　窗体设置背景图片后的效果

此时，设置背景图片成功，但出现的是左上角的内容，不是全貌，如果希望系统自动缩放图片，需要设置背景图片布局方式。

设置 BackgroundImageLayout 属性，选择 Stretch 属性，此时背景图片会按窗口大小自动调整，如图 1-17 所示。至于其他属性，有兴趣的读者自行测试。

图 1-17　自适应背景设置后的效果

02 菜单栏设计

菜单基本上属于 Windows 应用程序的标配功能，菜单栏的设置非常重要，设置方式也较简单。菜单栏默认状态为水平布局，位于窗口上方标题栏下面。

拖放或双击“菜单与工具栏”工具箱中的菜单项 MenuStrip，出现如图 1-18 所示界面，表单上方出现菜单编辑框。

图 1-18　在窗体上添加菜单项

单击“请在此处键入”编辑框，出现文本编辑框，可以输入菜单项名称，在右方与下方同时出现编辑框，左边表示添加同级菜单项，下方表示添加本项的子菜单，也就是单击后弹出的内容。

输入菜单项名称，若想加上热键，只需要在菜单项名称后加上&，然后加上一个当作热键的字母，例如，假设需要生成“学籍管理（F）”菜单项（表示按 Alt+F 键选择），只需要输入“学籍管理（&F）”即可。

若需要在子菜单中添加分界线，只需在输入框中输入“-”即可。

03 工具栏设计

工具栏用于快速选择系统功能，默认也是水平固定在窗口上方，工具栏包括以下几种子控件，如图 1-19 所示。工具栏的控件中使用较多的是 Button，一般需要设置成图片按钮，类似于 VS 系统的工具栏项目。

04 状态栏设计

状态栏用于显示当前系统的状态信息，默认水平置于窗口最下方。

状态栏中可以设置以下 4 种子控件，如图 1-20 所示，分别为文本标签（StatusLabel）、进度条（ProgressBar）、下拉列表框（DropDownButton）、类似“开始”菜单的向上弹出菜单（SplitButton），状态栏中通常只使用文本标签。

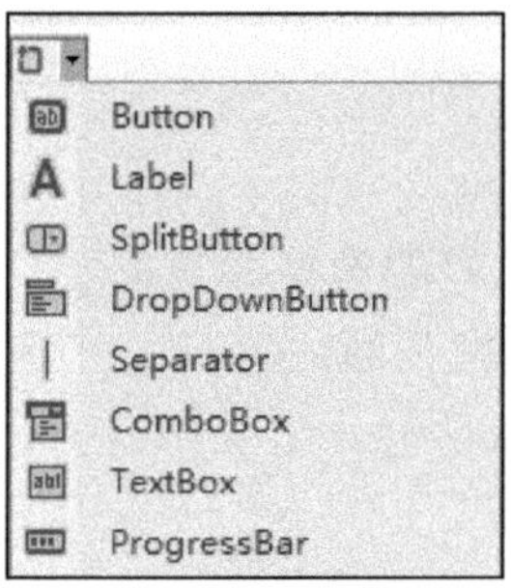

图 1-19　工具栏的子控件

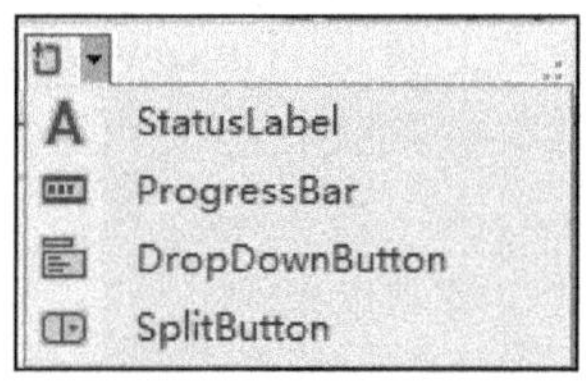

图 1-20　状态栏的子控件

选择 StatusLabel 控件，然后设置相应属性，以达到所需的效果，需要设置的属性如表 1-7 所示。

表 1-7　StatusLabel 控件常用属性设置

属性	含义	说明
AutoSize	是否自适应大小	自适应大小会根据文字多少设置宽度，如果希望自定义宽度，则设置为 False
Size	设置宽度和高度	只有 AutoSize 设置为 False 时才有效，宽度和高度分别设置
Text	设置文本	—
TextAlign	文本对齐方式	9 种，垂直和水平同时设置，类似 Word 表格设置
BorderSides	边框样式	默认是平面，可以设置边框，分 4 边设置
BorderStyle	边框样式	设置边框不同样式

菜单栏、工具栏和状态栏这 3 个控件工具属于较复杂的控件，它们实质是容器，也就是说它们实际上包含了一个或多个 Windows 标准控件，因此，除了在窗口中显示相应内容

外，还会在窗口外下方显示 3 个控件图标，用于编程控制，如图 1-21 所示。

图 1-21　窗体添加菜单栏、工具栏和状态栏后的窗口视图

任务总结

本任务以完成界面设计为主，主要掌握各类对象属性的设置，没有太大难度。

单 元 小 结

“工欲善其事，必先利其器”，要想学好编程技术，必须先掌握开发工具的使用方法与使用技巧，Microsoft Visual Studio（简称 VS）是目前为止，具备非常高的适用性、人性化的软件开发工具之一。VS 的方便不仅仅在于布局，更重要的是代码的编写方面，使用 VS 编写 C#代码时，基本上每一步都有提示，虽然 C#中有些方法或属性名很长，但基本不需要去死记，只要能记住首字母，认识就可以了。如果编写代码时系统没有给出适当的提示，就不需要再往下写了，肯定出现了错误，强行写下去基本也没有什么用，必须停下来，找出并纠正出现的错误，然后再继续前面的工作。对于一般性的错误，系统会在出错的地方用红色波浪线重点标出，很容易排查。另外，一个语句书写正确，没有语法错误时，输入最后的分号（;）时，系统会自动调整代码格式，如果没有自动调整代码格式，则也预示着代码中可能存在错误。

2

单元 2　什么是面向对象编程

单元导读

1. 什么是面向对象编程
2. 面向对象编程的概念
3. VS开发C#程序项目结构
4. C#常用的数据类型
5. 窗口间传递参数的方法

技能目标

1. 掌握面向对象编程思想
2. 掌握String对象使用方法
3. 熟悉日期型数据的使用方法
4. 掌握窗口间相互调用

任务内容

1. 制作登录窗口，实现登录验证
2. 完成窗口状态栏开发
3. 通过关闭窗口实现应用程序退出

单元重点

1. 初步了解面向对象编程思维
2. 理解类、对象、属性、方法等基本概念
3. 熟悉C#使用的常用基本数据类型

自从有了高级编程语言，人们就一直在追求更高的开发效率，根据冯·诺依曼计算机结构原理，程序员都是通过给计算机下命令来执行任务的，这些命令称为指令，无论用什么语言开发应用程序，最终都需要转换为 CPU 能够识别的指令才可执行，根据这个原理，早期的程序开发都是以完成工作任务而设计的，通过命令集来指挥计算机完成任务，这种开发模式称为“面向过程”。面向过程的软件开发模式用于开发大型项目时，存在很大缺陷。人们经过不断的改进，逐渐将“面向过程”的开发模式转变为“面向对象”，面向对象开发模式将任务及用到的资源统一称为对象（Object）。当前新型开发语言都采用面向对象开发模式，而 C 语言是典型的面向过程语言。

任务 2-1 制作登录窗口

任务分析

管理系统都需要对使用者进行身份认证，认证方式大多通过用户名与密码进行登录验证，现需要制作一个登录窗口，用于登录验证，对输入的用户名与密码进行判断，输入错误时给出相应的提示，如果输入正确，则跳转到主窗口。

制作登录窗口

扫码观看视频

必备知识

1. 对象、属性、方法

Windows 程序设计中，将所有元素都称为对象，对象的一些特征称为属性（变量），对象能完成的功能称为方法（函数）。

如果把“人”当作对象，嘴、眼、手等器官相当于属性，而说话、观看、写字等活动相当于方法。

属性可以包含多个子属性，如人的眼睛可以分为左眼和右眼，而左眼还可以包含角膜、晶状体、视网膜等子属性。

对象、属性、子属性、方法之间的关联用小圆点实现，在编程中，属性值的读取或设置直接操作，方法的调用是在方法名称后带上()。例如，人用左手拿苹果，用面向对象的方法表示为：人.手.左手.拿（苹果）；狗在叫，用面向对象的方法表示为：狗.嘴.叫()，因这里不关心“叫”的具体内容，因此括号中可以不带内容。

在 C#编程中，通常用 this 表示当前对象，这里 this 代表当前表单，表单上的各个控件都是属性，因此，在编写程序时，输入 this 再加上“.”，系统会自动感应出当前可用属性，属性后面加上“.”就会感应出相应的子属性或方法。

面向对象程序设计中，属性可以获取或设置值，而方法是调用执行，让对象实现相应的功能代码。

继承，是面向对象编程中的一个重要概念，表示一个对象具有另一个对象的全部或部分属性与方法。继承有点类似于生物界的遗传，儿子可以从父亲那里继承四肢、五官等基本属性，但并不完全一样，儿子可以有自己独有的特征，而父亲的某些特征也可能不在儿子身上出现。

一个对象从另一个对象继承用冒号（“:”）表示，前面是需要继续的对象，后面是被继承的对象，例如，“学生:人”，表示“学生”对象从“人”这个对象中继承，这样声明后，学生就会具有人的一些基本属性与方法，如具有手、脑、眼等属性，同时也具有说话、拿东西等方法。

2. C#程序结构

C#开发环境以“项目”的形式管理程序，开发一个 C# Windows 应用程序，首先必须新建一个项目，新建项目时，设置好项目名称和保存的位置，此时，系统会自动生成一个解决方案，打开解决方案资源管理器，如图 2-1 所示。

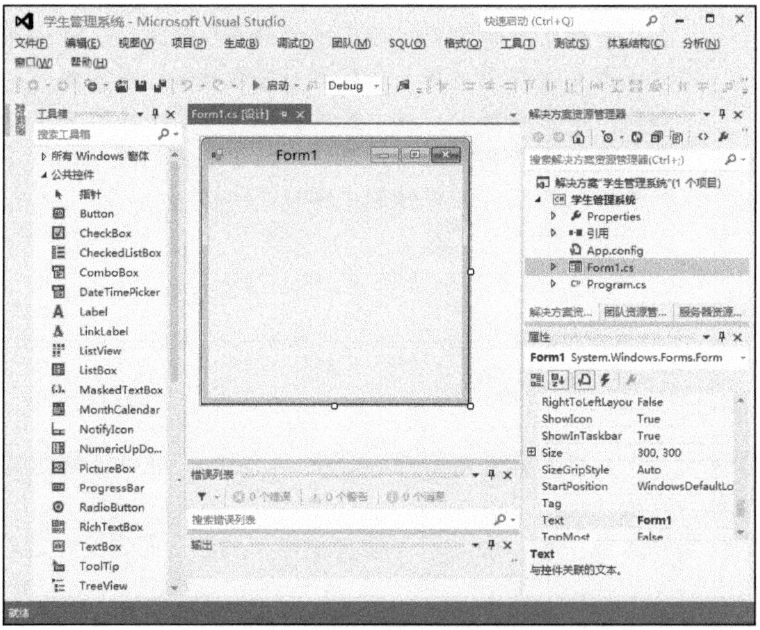

图 2-1　新建项目生成的解决方案

一个解决方案可以包含多个项目，但一般情况下，只包含一个项目，默认情况下，一个项目中会自动生成一个属性项（Properties）、一个引用集、一个 App.config 文件、一个表单项（Form1）、一个 Program.cs 文件，如图 2-1 所示。

1）“属性”窗格中包含项目的一些属性值，初学者不需要关心这个窗格的内容。

2）引用集中包含本项目需要引用的系统功能，暂时不需要关心。

3）App.config 文件用于设置一些应用系统的参数，同样不需要关心。

4）Form1 表单其实是一组文件，包括表单的布局与代码，后缀名都是.cs，此表单为默认启动项。

5）Program.cs 文件是一个程序文件，其实也是项目的启动文件，C#程序从这个文件开始执行，其中包括人们熟悉的 Main( )函数，Main( )函数代码如下：

```
static void Main( )
{
    Application.EnableVisualStyles( );
    Application.SetCompatibleTextRenderingDefault(false);
    Application.Run(new Form1( ));
}
```

这里只需要关心第 3 句，表示应用程序启动哪个表单，如果不希望从 Form1 启动，可以改成自己所指定的表单项。

在表单空白处右击，弹出快捷菜单，选择“查看代码”命令，将进入代码页面，可以进行代码编写，如图 2-2 和图 2-3 所示，这里为初始化代码结构，这些代码为系统自动生成。

（1）命名空间

代码分为两部分，上面部分为关键词 using 引入的系统功能，这些功能称为命名空间（namespace，也称为名字空间），下面部分是用户自定义的命名空间，用 namespace 关键词标识，这个命名空间名称一般与项目名称相同。

.NET 框架的一个主要特点是系统提供了很多非常有用的功能，用户不需要编写这些功能的实现代码，甚至不需要了解代码是如何实现的，只需要调用这些功能即可，由于这些功能模块特别多，为了便于统一管理，将相似或相近的功能放在同一模块中，称为命名空间，命名空间根据相互关系，也实行分层管理，同样用小圆点（“.”）分开，表示层次关系。调用这些系统功能时，需要预先导入相应的命名空间。

图 2-2　在窗体设计器中查看代码

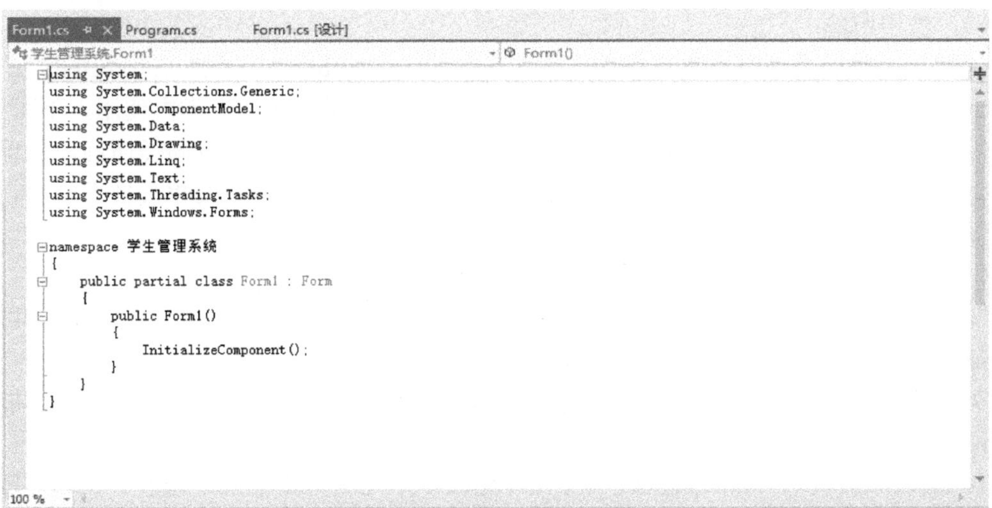

图 2-3　打开窗体的代码编辑区

命名空间后面需要带上一对大括号（"{}"）表示一个功能模块，命名空间的功能实现函数可以存在于不同的文件中，只要声明为同一命名空间即可。

（2）类

命名空间中的功能用类（Class）实现，类用 class 关键字声明，类前面加上作用范围声明符，如 public，关于修饰作用范围，将在后面详细介绍，public 表示公开访问；partial 是部分的意思，表示这里是该类的一部分功能，允许一个类分多处编写，非必需；class 表示声明类，Form1 表示类名，类名后面的"："表示新类从哪个类继承过来，后面的 Form 表示一般表单类，存在于命名空间 System.Windows.Form 中，表示具有一般表单的属性与方法。

public partial class Form1 : Form 的含义是声明一个名为 Form1 的公开类，继承 Form 类的属性与方法，实现了类的部分功能。

在同一个命名空间中，不要包含同名的类，以免相互影响，产生意想不到的结果。

声明类后，同样需要用一对大括号标识一个功能模块，类中可以声明变量、函数与子类（暂不考虑在类中声明子类的情况）。

类是一个抽象的概念，一般不表示具体事物，如"人"可以认为是一个类，具有属性和方法，但具体到某个人时，一定要有一个界定符，如姓名，例如，"有一个人叫张三"，表示张三是一个人，具有一般人的属性与方法，把这种具体化的描述称为实例化。

C#中，类的实例化方法如下：

```
类名 实例名 = new 类名( );
```

例如：

```
Form1 f = new Form1( );//表示将 Form1 实例化,实例名为 f
```

并不是所有类使用前都需要实例化，静态类可以直接调用，不需要实例化，可用于数据共享，静态类只需要在声明时加上关键词 static 即可，静态类中的所有导出函数及变量都要加上 static 关键字。有关静态类的内容将在后面用实例进行介绍。

（3）作用范围

变量、函数或类都可以界定作用范围，分为公开（public）、保护（protected）与私有（private）3 个级别，public 表示允许公开访问；private 表示只允许本类内使用，不可继承，也不能在外部调用与读取；protected 介于 public 与 private 之间，可以同类访问，也可以被继承访问，但不允许外部调用。若要了解 protected 更多内容，请参阅相关技术资料，本书不做详细介绍。

（4）变量

变量是程序设计中非常重要的一个概念，表示具有一定数据类型的内存空间，可以动态存放数据，与 C 语言中的变量类似。

类中的变量如果将作用范围设置为 public，则可以实例化后任意访问，这里可能导致以下两个安全问题。

1）缺乏保护机制，如果某些属于不允许更改，则无法防止被意外修改。例如，假设定义一个 dog 类，有一个用于保存狗嘴数的变量 mouths，正常情况下，狗只有一张嘴，如果调用者将 mouths 赋值为 2 或 3 则可能产生异常。

2）容易产生内存泄漏。这部分内容超越了本书范围，这里不做详述。

C#采用了访问器的机制实现变量的保护，访问器有两个：get 与 set。get 用于读取变量值，set 用于给变量赋值，使用 set 访问器时，自动生成一个 value 局部变量，存储用户输入的内容，数据类型以 public 声明为准，变量使用访问器封装后，就成了类的属性，而不是变量，使用举例：

```
using System;

namespace ConsoleApplication1
{
    class Program
    {
        class dog
        {
            private int _mouths = 1;
            private int _legs = 4;
            public int mouths
            {
                get
                {
                    return _mouths;
                }
            }
            public int legs
            {
                get
                {
                    return _legs;
                }
                set
                {
                    if (value <= 4)          //限定狗最多只有 4 条腿
                        _legs = value;
                }
            }
        }

        static void Main(string[] args)
        {
            dog d = new dog( );              //实例化
            d.legs = 5;                      //赋值
            int l = d.legs;
```

```
                int m = d.mouths;
                Console.Write("这只狗具有{0} 条腿与{1}张嘴", l, m);
                //这里使用控制台输入结果,与 C 语言相同
                // {0}与{1}表示两个参数,与 C 语言中的%d 类似
                Console.Read( );
            }
        }
    }
```

执行结果如图 2-4 所示。

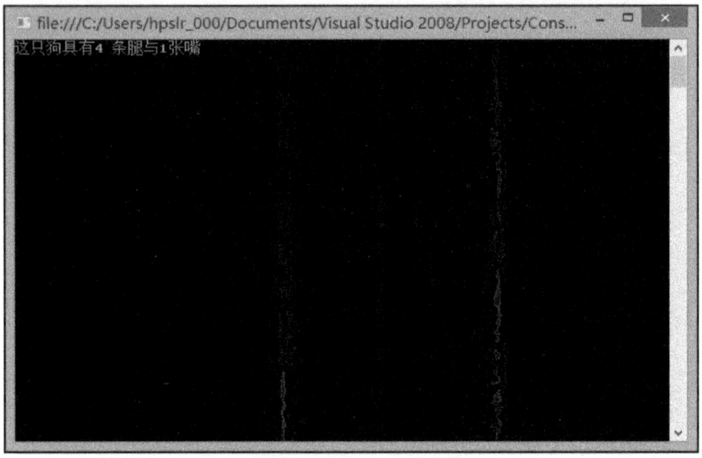

图 2-4　封装访问器对赋值筛选的效果

虽然在主程序中给 legs 赋值为 5，但由于 5 不符合要求，赋值并没有生效。

使用访问器还有一个好处，如果一个属性是只读的，不允许修改，则只使用 get 访问器，不提供 set 方法，就能实现某个属性的只读性。

软件工程规范要求，类中不允许使用公开（public）变量，而使用访问器。

（5）函数

函数是为了实现某项功能或返回一个结果而编写的，一个完整的函数应该包括作用范围、返回类型、函数名、接收参数 4 个部分。

1）作用范围：public、protected 与 private 中的一个，如果不指定，默认为 private。

2）返回类型：表示调用该函数将返回一个什么类型的数据，如果没有返回，则用 void 表示。

3）函数名：函数的名称，自定义。

4）接收参数：可以为空，也可以有一个或多个，参数需要指定数据类型。

函数声明举例：

```
    public int add(int x, int y)/*表示声明一个名为 add 的函数,可以公开访问,返回一
个整数,并需要接收两个整型参数,x 和 y*/
    void add(int x)  //表示声明一个 add 函数,私有访问,无返回值,接收一个整型参数 x
    char getc( )     //表示声明一个getc 函数,私有访问,返回字符型数据,不需要传递参数
```

再看看系统自动生成的代码，在类里面还有一个与类同名的、公开访问的函数，此函数比较特殊，没有返回类型，且与类同名，需要公开访问，这个函数称为构造函数，构造函数用于类的初始化，可以带参数，具体用法将在后面进行介绍。

与构造函数相对应的是析构函数，用于处理类销毁时的一些善后工作，如资源回收等，由于.NET 机制的特殊性，资源由系统自动回收，因此，析构函数在 C#开发中不是非常重要，很少被使用。析构函数声明为“~”加上类名，析构函数不需要返回类型，没有作用范围，也不需要传递参数，Form1 类的析构函数写法如下：

```
~Form1( )
{
    //这里编写必要的善后处理程序
}
```

代码行前面加上“//”，或是代码前面加“/*”，后面加“*/”，都表示注释，用于写说明或去掉暂时不使用的代码，注释代码不会编译执行。二者所不同的是，“//”用于一行结束的注释，“/* */”用于多行注释。

C#中，根据应用场合与已知条件不同，完成一项功能有不同的实现方式，但为了便于记忆与统一管理，通常使用相同的函数名、不同的方法实现同一功能，这种相同函数名使用不同方法完成相同功能的现象称为多态，不同的函数写法称为重载。

函数重载必须至少满足以下 3 个条件之一。

① 返回类型不同；

② 参数个数不同；

③ 参数类型不同。

例如，需要编写一个 max 函数，用于判断两个数的较大者，但能够判断大小的有整数与浮点数，因此，函数写法不同。判断整数的函数写法如下：

```
int max (int x, int y)
{
    if (x > y)
        return x;
    return y;
}
```

判断浮点数的函数写法如下：

```
double max (double x, double y)
{
    if (x > y)
        return x;
    return y;
}
```

这两个函数功能相同，都是判断两个数的大小，但返回结果与输入参数不同，这种现象就是多态，而 max 函数的不同写法就是重载。

3．C#数据类型

C#能处理的数据类型相当丰富，除了具有C语言的基本数据类型外，还具有很多复杂的扩展数据类型，基本数据类型包括位（bit）、整型（int）、字符型（char）、浮点型（float）与双精度型（double），C#的基本数据类型除了表示范围外，其他与C语言相同，这里不具体介绍。C#中常用的扩展数据类型包括布尔型、字符串型、日期时间型等。

（1）布尔型

布尔型（bool）数据用于表示“真”与“假”，分别用true和false表示，C#中不再用非0和0表示真与假，布尔型数据只有两个常量。

布尔型的运算符包括与（&&）、或（||）、非（!），比较重要的方法有ToString( )，表示将布尔值转换成字符串，得到结果为“true”或“false”。

（2）字符串

实际项目开发中，字符串（String）的使用最频繁，C语言中需要通过字符数组处理字符串，使用比较麻烦，C#中虽然本质上还是通过字符数组处理字符串，但系统封装了很多实用功能，程序员不再需要考虑边界、长度等非常头痛的问题。同时，还可以像基本数据类型一样进行运算，两个字符串拼接可以直接使用加法（+）运算，例如，“我爱”+“C#语言”，结果为“我爱C#语言”，也可以使用逻辑运算符进行比较。

程序开发中，显示结果时一般都是通过输出字符串实现，因此，在C#中，其他类型的数据需要输出时，一般都通过调用ToString( )方法将数据转换成字符串输出。

String在C#中是一个对象，具有Length属性，用于获取字符串的长度，同时也具有一些实用的方法，如表2-1所示。

表2-1　String对象的常用方法

方法名称	作用	使用说明
SubString( )	取子串	主要有两个参数，表示从哪里开始、取多长，不指定长度，则一直向后取完
Replace( )	替换内容	主要有两个参数，表示查找什么，替换成什么
Split( )	分成字符串数组	根据特殊字符将源字符串分散成字符串数组，数组长度自动生成
IndexOf( )	从前向后查找位置	查找一个字符串在目标串中的位置，包含则返回所在的开始位置，不包含则返回-1
LastIndexOf( )	从后向前查找位置	功能与IndexOf( )相同，只是查找方向为从后向前
Trim( )	去掉前后空格	
TrimEnd( )	去掉后面空格	
TrimStart( )	去掉前面空格	
Remove( )	移除指定位置字符串	主要有两个参数，指定从哪里开始，移除多长，如果不指定长度，则后面内容全去掉
Insert( )	插入字符串到指定位置之前	有两个参数，表示插入位置、插入内容
ToCharArray( )	转换成字符数组	得到一个字符数组，长度自动生成

使用举例，假设有字符串x = "c:/windows/system32/t.txt"，则有以下结论。

x.Length 的结果是25（注意，Length是属性，后面不需要括号）。

x.SubString(4,3) 的结果是 "ind"（注意，标号从 0 开始）。

x.SubString(8) 的结果是"ws/system32/t.txt"。

x.Replace('/','|') 的结果是"c:|windows|system32|t.txt"。

x.Split('/') 的结果是一个字符串数组，包含 4 个元素，分别是"c:"、"windows"、"system32"与"t.tex"。

x.IndexOf('/') 的结果是 2。

x.LastIndexOf('/') 的结果是 19。

x.Remove(3,8) 的结果是"c:/system32/t.txt"。

x.Remove(3) 的结果是"c:/"。

x.Insert(19,"/data") 的结果是"c:/windows/system32/data/t.txt"。

大多数程序语言使用单引号（'）或双引号（"）标识字符与字符串，如果字符串中需要包含这两个符号怎么办呢？另外，还有一些字符本身不能通过键盘输入，又如何表示呢？

为了解决这个问题，程序员通常使用转义字符来标识特殊字符，C 系列语言中使用“\”作为转义字符。若需要在字符串包含双引号，则应该在双引号前加上“\”，例如，"abc\""表示的是字符串“abc”，同样，如果表示“\”则也需要使用转义字符，表示为“\\”。在 Windows 系统中，路径符采用的也是“\”，因此，如果表示 Windows 系统的路径，则需要使用“\\”。

转义字符的长度还是只算作一个字符，例如，string s ="abc\""; s.Length 的结果是 4，而不是 5。

如果不希望使用转义字符，则可以在字符串前面加上“@”字符，取消转义，主要在表示 Windows 路径时有用，其他地方取消了转义，则达不到应有的效果。

@"abc\"是正确的字符串，表示由 a、b、c\这 4 个字符组成的字符串，而@"abc\""是错误的表示法，因为双引号个数不匹配，使用了@，则无法在字符串中包含特殊字符。

（3）日期时间类型

实际开发中，经常与日期时间类数据打交道，C#中专门有 DateTime 类型数据用于存储与处理日期时间型数据。

两个 DateTime 型数据可以相减，得到的结果是一个时间间隔，用 TimeSpan 表示，TimeSpan 实际上是一个长整数，记录的是时间间隔的毫秒数，通过 TimeSpan，可以直接读取出整数天（Days）、小时（Hours）、分钟（Minutes）、秒（Seconds）和毫秒（Milliseconds）。思考以下问题。

1）TimeSpan 为什么不能读取出整月数或整年数呢？

2）DateTime 可以相加吗？为什么？

DateTime 类型数据具有两个重要属性，Now 和 Today，Now 用于获取当前时间，Today 用于获取当前的系统日期，这两个属性不允许赋值；还有一个重要方法是 Parse( )，用于将传进来的字符串转换成日期型数据。

DateTime 型变量的常用属性如表 2-2 所示，常用方法如表 2-3 所示。

表 2-2　DateTime 型变量常用属性

属性	含义
Date	获取日期部分

续表

属性	含义
Year	获取年份值
Month	获取月份值
Day	获取日期值
Hour	获取小时值
Minute	获取分钟值
Second	获取秒的值
Millisecond	获取毫秒值
DayOfWeek	获取星期几
DayOfYear	获取当前日期是该年的第几天
TimeOfDay	获取时间部分

表 2-3　DateTime 型变量常用方法

方法名称	作用	使用说明
AddDays( )	增加天数	参数是一个双精度小数，表示增加量，日期时间型数据不能直接相加，但可以用这些方法增加各个分量
AddHours( )	增加小时数	
AddMilliseconds( )	增加毫秒数	
AddMinutes( )	增加分钟数	
AddMonths( )	增加月数	
AddSeconds( )	增加秒数	
AddYears( )	增加年数	
ToLongDateString( )	转换成长日期格式串	
ToLongTimeString( )	转换成长时间格式串	
ToShortDateString( )	转换成短日期格式串	
ToShortTimeString( )	转换成短时间格式串	
ToString( )	转换成字符串	可以带参数，参数分为以下几类（区分大小写）： y：年 M：月 d：天 H：小时（24 小时制） h：小时（12 小时制） m：分钟 s：秒 t：上午还是下午

ToString( )使用举例：

```
DateTime dt = DateTime.Now;
dt.ToString( )  //结果是 "2015/2/9 18:02:35"
dt.ToString("yyyy年MM月dd日 HH时mm分ss秒") /*结果是"2015年02月09日 18时02分35秒"*/
dt.ToString("yy-MM-dd")//结果是"15-02-09"
```

（4）泛型数据

支持泛型（var）是 C#中非常重要的一个功能，泛型其实不是真正的数据类型，而是表示可以代替任何类型数据，有些复杂或事先无法确定的数据在审明时并不指定数据类型，而用泛型代替，使用关键字 var 审明，并且在审明时必须时进行赋值，系统会根据赋值的数据自动确定数据类型，泛型数据一旦进行了赋值，就不能再更改数据类型了。

例如：

```
var x = 8;
```

此时，x 数组类型被自动识别为整型（int），而

```
var x = "abc";
```

系统自动识别 x 为字符串类型。

（5）空值数据

声明变量时，在内存中分配一块区域，用于存储数据，将这块区域的地址编号取一个名字，这个名字就是变量名。当这个区域地址为 0，或不存在，或没有初始化时，这个变量就没有内容，这个值就是空值（null）。null 是一个很特殊的数据，因它本身就不存在，因此也就没有类型可言，任何类型数据都可以是 null，null 在程序中可算得上是一个定时炸弹，随时都可能引发空值异常，给程序健壮性带来极大的安全隐患。

null 意思是什么都没有，与空格或空字符串是不同的。例如：

```
string x = null;
string x = "";
string x = " ";
```

以上 3 个赋值语句是不同的，第一个语句表示字符串 x 什么都没有，没有分配存储空间，第二个语句分配了存储空间，但没有内容，第三个语句的字符串中包含一个字符——空格，空格的实质是一个普通字符，只是没有显示而已。

（6）数据类型转换

字符串是计算机中最常用的数据类型，其他数据类型都可以转换成字符串显示，统一使用方法 ToString( )进行转换。

很多情况下，还需要将字符串转换成其他类型进行处理，统一使用 Convert 对象，Convert 对象针对不同的数据类型，有不同的方法进行处理，常用方法如表 2-4 所示。

表 2-4　Convert 对象常用方法

方法名称	作用	使用方法
ToInt16/32/64( )	转换成整型	分别转换成 16、32 或 64 位整型，最常用的是转成 32 位整型
ToDateTime( )	转换成日期时间型	字符串必须符合日期格式
ToBoolean( )	转换成布尔型	只能是“true”与“false”
ToChar( )	转换成字符型	略
ToDouble	转换成双精度型	必须符合小数格式

（7）强制类型转换

还有一种类型转换方式，称为强制转换，强制转换语法如下：

```
(强制类型)变量
```

或

```
(强制类型)常量
```

使用举例如下：

```
double x = 3 / 5;
```

以上赋值语句期待的结果是0.6，但实际执行结果却是0。因为3和5都是整数，两个整数相除的结果还是整数，3 / 5取整结果为0，因此得到了错误结果。

此时需要进行强制转换才可得到正确结果，修改后程序如下：

```
double x=(double)3 / 5;
```

上述程序表示先将3强制转换为double类型，再与5相除，相除结果也是double类型，因此，得到了正确结果。

数据类型强制转换是有条件的，只有兼容类型才可强制转换。

4. C#基本语法

C#属于C语言语系，语法规范与C语言类似，但还是有一些细节与C语言不同，与C语言相比，更加人性化，不容易出错。

（1）条件语句

C#中引入了专门的布尔类型数据，条件判断中不再使用整数的“1”和“0”表示真与假，例如：

```
int x = 1;
if (x)
{
     执行语句;
}
```

以上语句在C语言中是正确的，但在C#中执行时会报错，因为x是整型数，if后面的条件要求是布尔值，因此，两者数据类型不同，不能正确执行。在C#中应该表示如下：

```
int x = 1;
if(x == 1)
{
    执行语句;
}
```

（2）变量定义

C语言中必须先把变量定义好，再编写执行逻辑，而C#语言不需要事先声明全部变量，可以在使用时声明，例如：

```
for (int i = 0; i < 10; i++)
{
    执行循环;
}
```

以上语句在 C 语言中是错误的，但在 C#中允许使用。

（3）数组

C#中对数组的改进很大，去掉了很多 C 语言对数组的苛刻要求，两者主要区别如下。

1）声明方式不同。C#中声明数据时，将“[]”放在类型后面，而不是变量后面，例如，声明整型数组：

```
int x[];      //C 语言
int[] x;      //C#语言
```

2）变长数组的支持。C 语言中声明数组，长度必须是一个常量，而 C#中可以是变量，例如：

```
int len = 10;
int[] x = new int[len];
```

以上语句表示在 C#中声明 10 个元素的整型数组，而 C 语言中，

```
int len = 10;
int x[len];
```

这样的声明是不允许的，因为数组长度不能用变量表示。

另外，在长度指定上也有所不同，两者除了在直接赋值时自己确定长度外，还有一些区别，C 语言中可以在声明时直接指定数组长度，而 C#中必须用 new 关键字申请存储单元。

3）具有越界保护机制。因为 C#不支持指针，因此，数组不能作为指针使用，因此 C#中数组不允许越界使用，不会出现 C 语言中容易出现的异常访问结果。例如：

```
int[] x = {1, 2, 3};
```

此时，x 是具有 3 个元素的数组，下标分别为 x[0]、x[1]与 x[2]，如果访问 x[3]的值，系统报错；但 C 语言中越界访问 x[3]的值时，系统并不会报错，而会返回一个不可预期的无意义的值。

（4）面向对象编程与事件驱动

C 语言中，为了方便代码复用，采用函数的方式编写公共代码，通过传递参数实现不同的功能，如果要跨文件复用代码，需要使用 include 命令引用包含函数的头文件。例如，当需要使用 printf( )函数时，就需要引用 stdio.h 头文件。

而 C#中引入了类的概念，只需要事先引入命名空间，类可以根据需要动态调用，这种方式使用灵活，被大多数现代高级语言采用。

C#是纯面向对象编程语言，所有代码都在类中实现，与 C 语言一样，C#所有功能都通过函数实现。

Windows 程序之所以能够实现多任务机制，主要得益于事件驱动机制与消息循环机制，

Windows 系统有一个消息泵，不停地发送和处理消息，计算机软硬件的一切活动都以消息的形式传送，如系统时钟、键盘鼠标操作等。当有事件发生时，消息泵会立即收到这个消息，并及时发送给处理程序，这个机制称为事件驱动，Windows 一切动作都是以事件驱动激发的。

任务步骤

01 打开项目

在“起始页”界面中直接在“最近”记录中打开已有的项目，或找到项目主目录，双击打开工程文件，还可以在“文件”菜单中选择“打开项目”选项，在“打开项目”对话框中找到已有的项目并打开，分别如图 2-5～图 2-7 所示。

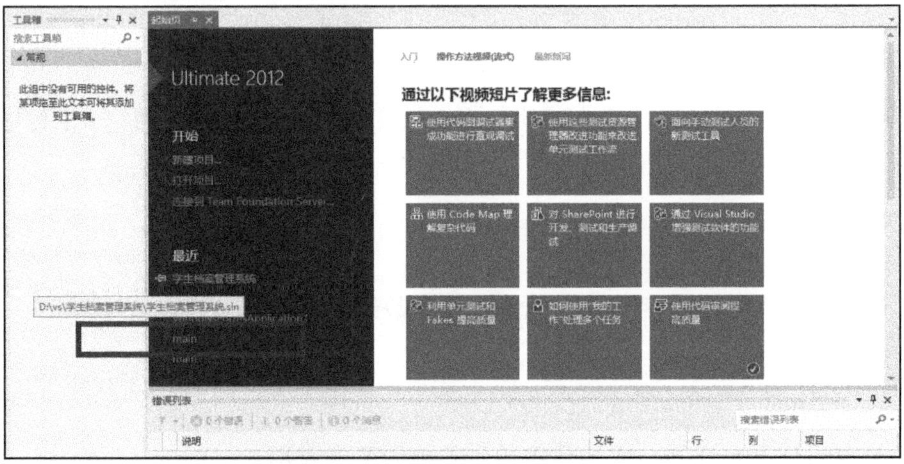

图 2-5　在“起始页”界面中打开已有项目

图 2-6　通过双击打开工程文件打开已有项目

图 2-7　通过“打开项目”对话框打开已有项目

02 添加登录项

在解决方案中，右击工程名称，在快捷菜单中选择“添加项”命令，如图 2-8 所示。

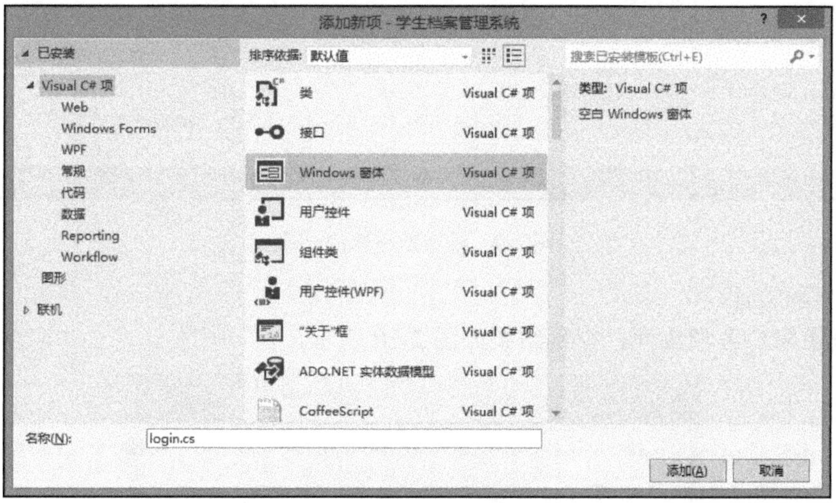

图 2-8　添加新窗体文件

单击“添加”按钮，则生成一个 login 类，包括窗体和代码文件，如图 2-9 所示。

03 设置登录页首先执行

打开 program.cs 文件，更改 Main 函数如下：

```
static void Main( )
{
```

```
        Application.EnableVisualStyles( );
        Application.SetCompatibleTextRenderingDefault(false);
        Application.Run(new login( ));
    }
```

此时，项目将首先加载 login 窗体。

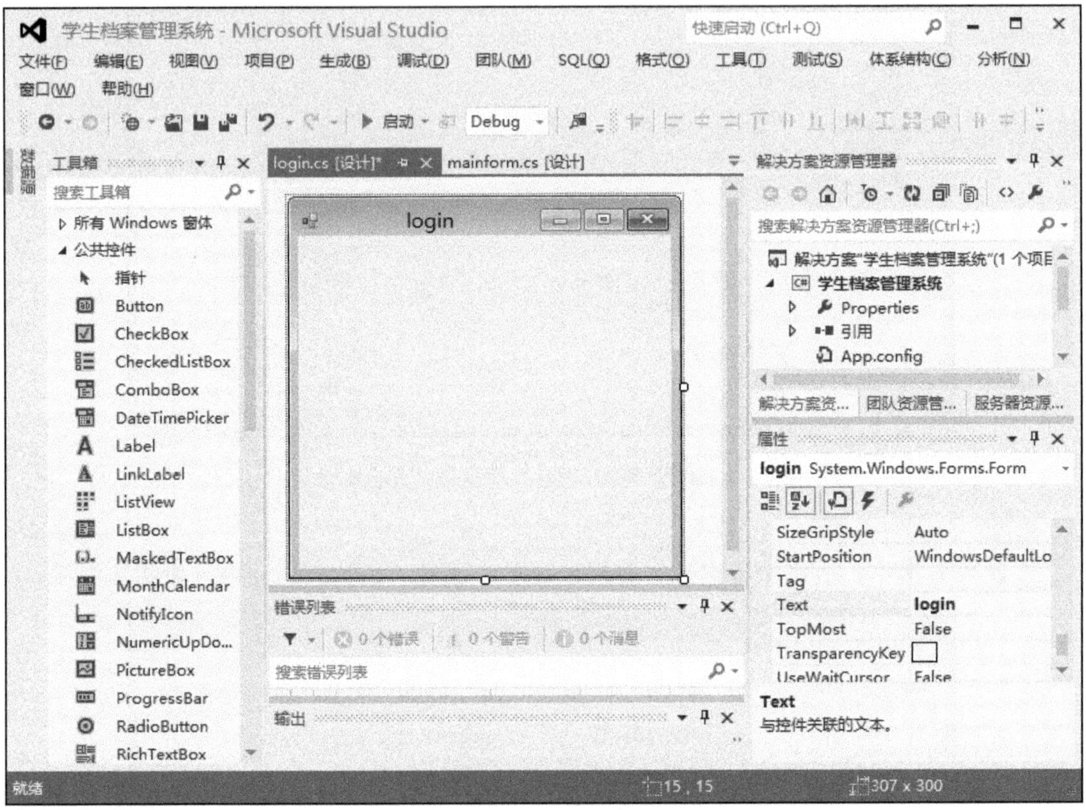

图 2-9　添加新窗体的结果

04 界面设计

设计登录窗口各项属性，得到结果如图 2-10 所示。

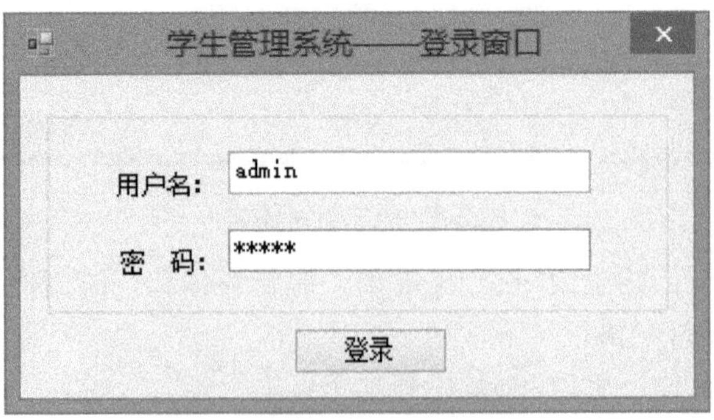

图 2-10　登录窗口最终效果

【要点】

1）控件的命名。程序开发中，要求用有意义的词表示控件，例如，将“用户名”文本框改为 username，“密码”文本框改为 password。

2）“密码”文本框属性。需要设置 password 文本框的 PasswordChar 值，如设置为“*”。

05 代码编写

（1）创建函数

双击“登录”按钮，默认编写按钮的单击（Click）事件代码，也就是程序执行时，用户单击“登录”按钮的代码，如图 2-11 所示。

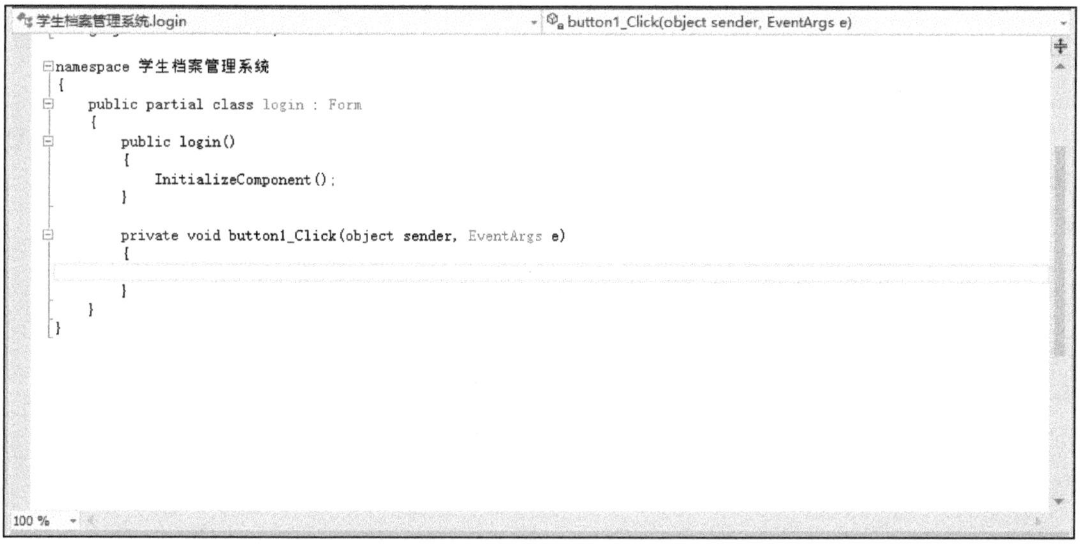

图 2-11　编写按钮事件代码

系统自动在 Form1 类中产生一个函数，无返回类型，函数名为 button1_Click，传入两个参数，object 表示产生事件的对象，EventArgs 表示事件的参数，但这两个参数一般情况下不需要用到。

（2）读取控件值

处理数据之前，需要读取用户输入的内容，采用面向对象的方式读取内容，用户名和密码都是字符串，因此，用 string 类型保存数据，代码如下所示：

```
private void button1_Click(object sender, EventArgs e)
{
    string name = this.username.Text;
    string pass = this.password.Text;
}
```

这里 name 与 pass 是自定义的两个变量，用于保存用户输入的用户名与密码，username 是“用户名”文本框的 ID 值，password 是“密码”文本框的 ID 值，当作当前窗体 this 的两个子对象，Text 是文本框的属性，即用户输入的内容。

（3）判断数据

假定要求用户名为 admin，密码为 123456，则用以下方法判断，C#字符串可以直接进行比较操作，比 C 语言灵活得多。

```
if (name == "admin" && pass == "123456")
{

}
else
{
}
```

（4）给出提醒

实际应用中，如果用户名或密码错误则给出提醒，如果判断正确则跳转到操作主界面，先处理用户名或密码错误的情况，代码如下：

```
private void button1_Click(object sender, EventArgs e)
{
    string name = this.username.Text;
    string pass = this.password.Text;
    if (name == "admin" && pass == "123456")
    {

    }
    else
    {
        MessageBox.Show("用户名或密码错误!");
    }
}
```

MessageBox 是一个弹框对象，主要用于提醒或询问用户选择，调用 Show( )方法即可。测试时输入错误的用户名或密码，执行效果如图 2-12 所示。

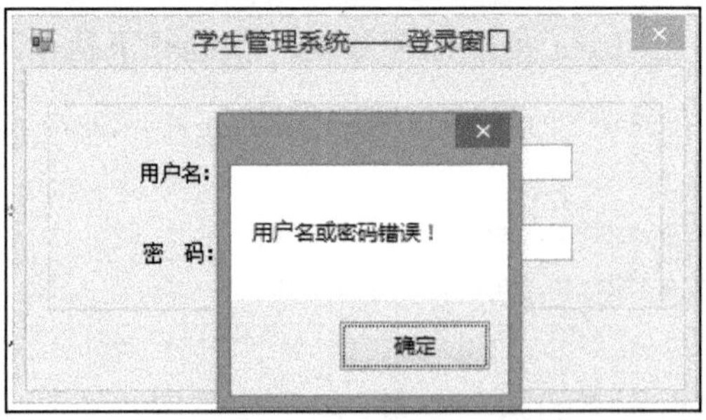

图 2-12　登录错误提醒

MessageBox 的 Show( )方法具有 21 个重载，使用非常灵活，这里使用第 7 个重载实现比较完美的弹框提醒，使得说明如图 2-13 所示。

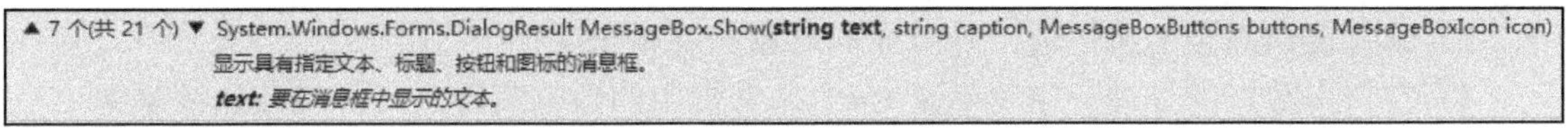

图 2-13　MessageBox.Show( )方法的重载形式

更改代码如下：

```
MessageBox.Show（"用户名或密码错误","警告"
,MessageBoxButtons. OK, MessageBoxIcon.Error）;
```

MessageBoxButtons 与 MessageBoxIcon 对象具有多个不同属性，读者请自行测试。
执行结果如图 2-14 所示。

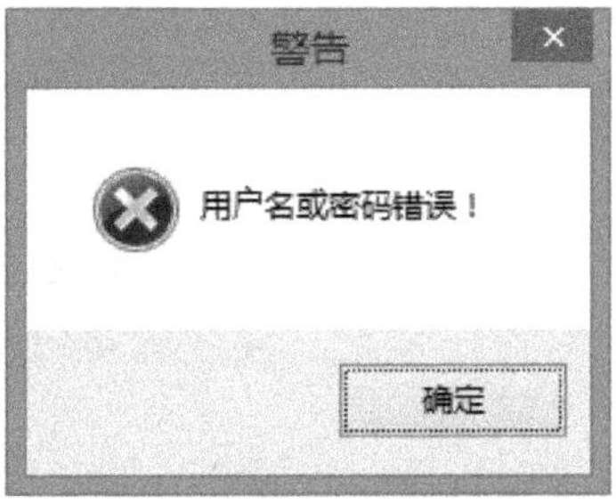

图 2-14　带图标的提示框

（5）输入正确时跳转

当用户输入的用户名与密码正确时，应该跳转到主窗口进行操作，代码如下：

```
if (name == "admin" && pass == "123456")
{
    mainform mf = new mainform( );
    this.Hide( );
    mf.Show( );
}
```

if 语句中的第一句实例化一个 mainform 对象，命名为 mf；第二句隐藏当前窗口，即登录窗口；第三句显示主窗口，即前面实例化的窗口。

【思考】 经过以上 5 步，一个登录窗口就算完成了，但现在存在一个问题，这里用户名和密码是固定的，不可修改，也没有变化，这个验证机制在实际应用场合中形同虚设，肯定不能满足软件开发的要求，如何才能实现登录应有的功能，用户名和密码怎样才能真正做到保密，可以随时修改呢？这些内容将在下一单元进行详细讨论。

任务总结

本任务完成了一个简单的工程，主要包括以下几个知识点。

1）通过修改 Main( )函数，实现启动窗口的修改。

2）事件代码的编写。事件驱动是 Windows 系统的灵魂，理解事件处理是掌握 Windows 编程的关键。

3）读写窗口对象的属性值，熟悉面向对象的基本语法。

4）字符串数据的处理。字符串是C#中非常常用的数据类型之一，应该熟练掌握。

5）窗口的实例化与跳转。用法固定，模式简单，容易掌握。

6）弹出对话框的实现。Windows 编程中，弹出对话框比较常用，但使用并不复杂，后面还会深入学习。

任务 2-2 完成主窗口状态栏功能

任务分析

要求主窗口的状态栏有以下信息：当前登录的用户、当前的日期、按秒跳动的时钟。

完成主窗口状态栏功能

扫码观看视频

必备知识

1）如何通过代码修改状态栏数据。表单有一个 Load 事件，运行窗口加载时需要执行的代码，然后访问状态栏对象，设置相应的属性。

2）如何获取登录用户。上一个表单有登录用户名，现在要解决的问题就是将上一表单的内容传到本页面。

3）时钟的实现。第一次赋值后，还需要定时更改状态栏的内容，C#提供了“定时器”（Timer）控件，可以定时执行代码。

任务步骤

01 设计状态栏

设计的状态栏如图 2-15 所示。

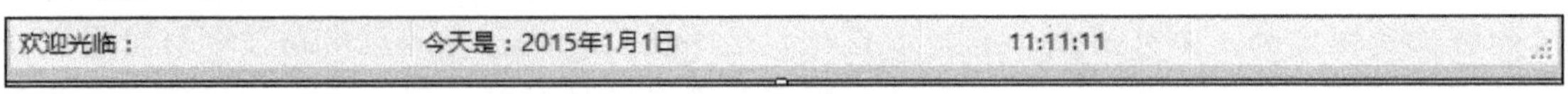

图 2-15 主窗体状态栏

状态栏分 3 栏，第一栏显示当前登录用户，第二栏显示当前的系统日期，第三栏显示时钟。

02 代码实现

（1）获取登录用户名

回顾前面的窗口实例化代码：

```
mainform mf = new mainform( );
```

mainform 是一个类，再看看 mainform 类的构建代码：

```
public partial class mainform : Form
{
    public mainform( )
    {
        InitializeComponent( );
    }
}
```

其中有一个 public mainform( )函数，根据前面的介绍，这是一个构造函数，用于初始化窗口数据，默认不需要任何参数，实际上在类实例化时，就是调用了类的这个构造函数，C#中可以用重载方式编写多个功能相同的函数，构造函数也不例外。因此，可以在 mainform 中重载一个构造函数，用于接收参数，这个参数就是当前成功登录的用户名，代码如下：

```
public partial class mainform : Form
{
    string loguser = "未登录";//声明一个变量,用于保存传入的用户名
    public mainform( )
    {
        InitializeComponent( );
    }
    //以下重载一个可以接收参数的构造函数,用于传递登录用户名
    public mainform(string username)
    {
        InitializeComponent( );/*这是系统必需的初始化代码,必须带上赋值,将构造函数的局部变量保存到类的变量中*/
        loguser = username;
    }
}
```

先声明一个字符串变量 loguser，赋初始值为“未登录”，用于保存传进来的用户名，为了保证没有传递参数时不至于出错，因此，给了一个初始值，这是编程的基本要求。

得到了用户名，下一步就是将其显示到状态栏，双击主窗口空白处，系统自动生成 Load 事件响应函数，生成代码如下：

```
private void mainform_Load(object sender, EventArgs e)
{
    this.toolStripStatusLabel1.Text += loguser;
}
```

mainform 类代码编写完成，效果如图 2-16 所示。

图 2-16　主窗体任务栏执行效果

为什么显示“未登录”呢？是否参数传递不成功？查看登录窗口代码，发现实例化时并没有传递参数，更改如下：

```
if (name == "admin" && pass == "123456")
{
    mainform mf = new mainform(name);
    this.Hide( );
    mf.Show( );
}
```

在 mainform 实例化时传入登录用户名，再执行代码，结果如图 2-17 所示。

图 2-17　传入登录用户名的状态栏效果

总结：窗口之间传递数据的一个主要方式就是通过构造函数实现，这种传递是从父窗口到子窗口，从子窗口传递到父窗口需要采用其他方案，后面再进行介绍。当然，窗口之间传递参数可以使用全局静态变量的方式，但这不符合面向对象编程思想，尽量避免使用。

（2）获取当前日期

这个功能比较简单，只需要在 Load 事件代码中加上以下语句即可：

```
private void mainform_Load(object sender, EventArgs e)
{
     this.toolStripStatusLabel1.Text += loguser;
     this.toolStripStatusLabel2.Text = "今天是:" +
            DateTime.Now. ToLong DateString( );
}
```

这里 DateTime.Now 表示获取当前系统时间，ToLongDateString( )方法表示获取当前时间的日期部分用长格式表示。

（3）时钟的生成

时钟需要定时更新数据，因此，需要使用定时器（Timer），将一个“定时器”控件拖放到页面上，设置属性如下。

Enabled：True，启动定时器。

Interval：1000，定时间隔，单位为毫秒，1000 毫秒表示定时器每秒执行一次。

双击定时器，出现定时器事件代码：

```
private void timer1_Tick(object sender, EventArgs e)
{
    this.toolStripStatusLabel3.Text = DateTime.Now.ToLongTimeString( );
}
```

执行结果如图 2-18 所示，时钟一秒钟跳动一次。

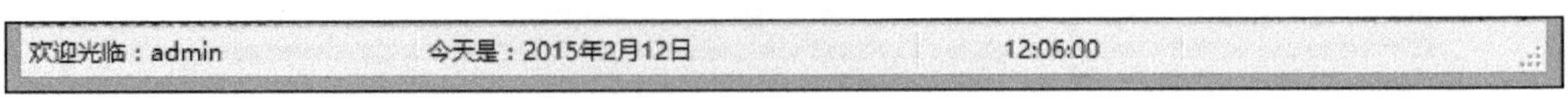

图 2-18　主窗体状态栏最终效果

【思考】

如果要显示星期值，应该如何实现？

如果软件开启超过一天时间，如何让日期自动变化？

【解答】

1）DateTime 中有一个 DateOfWeek 属性，结果是一个对象，可以表示星期几，但直接显示结果是英文表示法，无法显示成中文，这个对象还可以强制转换成数字，表示一周的第几天，从 0 开始，再创建一个星期的数组，从数组中取中文表示。代码如下：

```
    private void mainform_Load(object sender, EventArgs e)
    {
        this.toolStripStatusLabel1.Text += loguser;
        string[] week={"星期天", "星期一", "星期二", "星期三", "星期四",
                      "星期五", "星期六" };          //创建一个数组
        int w = (int)DateTime.Now.DayOfWeek;        //取得星期的整数值
        this.toolStripStatusLabel2.Text = "今天是:" + DateTime.Now. ToLong
DateString( ) +"  "+ week[w];                      //显示结果
    }
```

执行结果如图 2-19 所示。

图 2-19　加入星期后的状态栏效果

2）有以下两种方案可以让日期自动变化。

① 将日期的显示也放到 Timer 事件中，因为一天才发生一次变化，会空耗系统资源，不可取。

② 在 Timer 事件中判断，当时间是 0:00:00 时，变更日期，更改后的代码如下：

```
    private void timer1_Tick(object sender, EventArgs e)
    {
        string time = DateTime.Now.ToLongTimeString( );
        this.toolStripStatusLabel3.Text = time;
        if (time == "0:00:00")
        {
            string[] week = { "星期天", "星期一", "星期二", "星期三", "星期四",
                            "星期五", "星期六" };        //创建一个数组
            int w = (int)DateTime.Now.DayOfWeek;      //取得星期的整数值
            this.toolStripStatusLabel2.Text  =  "今天是:"  +  DateTime.Now.
ToLongDateString( ) + "  " + week[w];                 //显示结果
        }
    }
```

此时，其实就是将显示日期的代码重复了一遍，这违反了不重复编写代码的原则，因此，为了规范代码结构，需要自定义一个函数，显示日期值，更改后，代码如下：

```
private void mainform_Load(object sender, EventArgs e)
{
    this.toolStripStatusLabel1.Text += loguser;
    SetDate( );
}

private void timer1_Tick(object sender, EventArgs e)
{
    string time = DateTime.Now.ToLongTimeString( );
    this.toolStripStatusLabel3.Text = time;
    if (time == "0:00:00")
    {
        SetDate( );
    }
}
```

```
private void SetDate( )
{
    string[] week = { "星期天", "星期一", "星期二", "星期三", "星期四",
                      "星期五", "星期六" };       //创建一个数组
    int w = (int)DateTime.Now.DayOfWeek;        //取得星期的整数值
    this.toolStripStatusLabel2.Text = " 今 天 是 :" + DateTime.Now.
ToLongDateString( ) + "  " + week[w];               //显示结果
}
```

任务总结

本任务实现了对状态栏的控制，主要用到了以下几个知识点，都是常用的功能，应该熟练掌握。

1）通过类的实例化传递参数给新对象。这是类之间传递参数的常用方法。

2）熟悉 C#程序的事件驱动模式。窗口加载时执行的 Load 事件代码可以进行窗口对象的初始化。

3）Timer 定时器的使用。定时触发事件是 Windows 的一大特点，定时器对于实现定时循环与实时监测非常有效。

4）日期及时间的处理。日期时间类型是 C#中较常用的数据类型之一，应该熟练掌握各方法与属性的使用。

5）数组的使用。使用数组处理数据，能够有效降低程序的复杂度，提高开发与执行效率。

6）自定义函数的使用，函数的最大功能是代码复用，当一段代码需要重写时，一般都要考虑使用函数。软件界有一句口号是 DRY（Don't Repeat Yourself，不要重复你自己），

就是提倡代码复用，多用函数。另外，很多时候，函数能够简化代码，提高开发效率，增强代码的可读性。初学者往往不习惯使用自定义函数，认为写函数费时费力，得不偿失，这其实是一种错误的思想，需要及时改正。对代码进行有效的封装是一个长期的过程，一定要多写、多练、多思考，才能达到满意的效果。

任务 2-3 捕获消息，实现窗口事件重载

任务分析

当单击主窗口的“关闭”按钮时，只是关闭了窗口，应用程序并没有退出，是什么原因呢？而在登录时单击“关闭”按钮却能关闭整个程序，这又是为什么呢？本任务就是要解决这个问题，让应用程序能够正常退出。

捕获消息，重载窗口事件

扫码观看视频

必备知识

从 C#程序结构可以看出，C#应用程序是从 Main( )函数中加载启动窗口的，而启动窗口登录完成后，便直接进入主窗口，并没有关闭启动窗口，而是将其隐藏。这是因为，应用程序（Application）加载启动窗口后，一直监视启动窗口的状态，一旦启动窗口关闭，应用程序也就自动退出。因此，登录成功后，并不能关闭登录窗口，否则，整个程序就结束了。

当关闭主窗口时，只是主窗口本身退出了，而登录窗口没有关闭，而是隐藏了，从而整个应用程序无法退出，导致了现在的问题。

那么，如果需要退出应用程序，该怎么办呢？有两种解决方案，第一种是关闭登录窗口，从而让应用程序自动退出；第二种是直接调用应用程序退出函数（Application.Exit( )）。

第一种方案比较麻烦，因为登录成功后，进入主窗口时并没有留下登录窗口的任何信息，根本无法与登录窗口联系，也就没有办法通知它退出。实例化是不可行的，因为实例化产生的是新对象，只能算是同胞兄弟，并不是原来那个对象。如果要实现这个功能，则需要在进入主窗口时通过构造函数将登录窗口的句柄带到主窗口或使用委托。有兴趣的读者可以自行实现，后面项目中用到窗口之间互传参数的功能时再详细说明这个过程。

这里采用第二种方案，在窗口关闭时，手动调用应用程序退出方法。

任务步骤

01 拦截窗口退出事件

Windows 应用程序都是通过消息循环，以事件驱动方式工作的，因此，窗口关闭也是一个事件，拦截这个事件，进行处理，就能达到目的。窗口关闭事件有两个：FormClosing 与 FormClosed，FormClosing 在窗口关闭前激发，FormClosed 在窗口关闭后激发，如果仅仅是退出应用程序，两处都可以实现，但如果要实现弹框提醒，则必须拦截 FormClosing 事件，拦截方法如下。

在主窗口的“属性”窗格中，切换到“事件”选项卡，会列出所有窗口事件，双击 FormClosing 事件，进行事件代码编写，过程如图 2-20 所示。

图 2-20 选择 FormClosing 事件

02 代码编写

首先使用 MessageBox 弹出一个对话框，询问是否确定关闭，并提供“是”与“否”两个选择按钮，当用户单击“是”按钮时，关闭窗口并退出程序，单击“否”按钮时，则取消关闭操作，具体代码如下：

```
private void mainform_FormClosing(object sender, FormClosing EventArgs e)
{
    if (MessageBox.Show("是否确定退出程序??",   //提示文字
        "关闭提示",                          //对话框的标题
        MessageBoxButtons.YesNo,          //显示"是"与"否"两个选择按钮
        MessageBoxIcon.Question           //显示"问题"图标
        )== DialogResult.Yes)             //判断用户的选择,结果为 DialogResult 对象值
    {
        this.FormClosing -=
            new FormClosingEventHandler(this.mainform_FormClosing);
```

```
            /*如果不写以上这句,则会出现两次退出提醒,因为Application. Exit( )
还有一次退出*/
            //因此,需要把本身关闭事件从事件队列中清除
                Application.Exit( );//退出应用程序
            }
            else
            {
                e.Cancel = true;
                //取消关闭动作,否则,即使单击"否"按钮,也会将窗口关闭
            }
        }
```

FormClosing 事件处理函数带入两个参数，sender 是产生事件的控件，e 是事件具体参数，当需要取消关闭事件时，设置 e 参数中的 Cancel 属性值为 true，表示取消本次关闭操作。

任务总结

本任务以实现关闭窗口退出应用程序的功能为例，介绍了以下两个方面的内容。

1）使用 MessageBox 对象实现窗口交互。应练习弹出对话框的各类控制。

2）窗口事件的拦截与重写。这种方法可以拦截很多窗口事件，如键盘、鼠标、窗口变化等，利用好这些事件的重写功能，能做到对程序的完美控制。

单 元 小 结

现在软件开发的主流语言，如 C++、Java、C#等都采用面向对象的开发模式，面向对象编程具有很多新的概念与特性，如对象、属性、方法、多态、重载、构造函数、析构函数等。另外，面向对象的编程都是属性和方法的调用，与传统的面向过程编程方式有很大的区别，使用对象的方式思考问题，需要一个训练过程，但一旦习惯了面向对象编程这种方式，就会觉得很方便、自然。

因为采用的是面向对象的编程思想，因此像字符串、日期时间等这些较复杂的数据类型都是面向对象表示的，使用属性与方法处理这些复杂数据，会很方便。

单元 3 数据放在哪儿

单元导读

1. "存盘"到底具是什么涵义，"存盘"数据可以放到哪里
2. 如何读写磁盘文件
3. 如何读写注册表
4. 如何用程序操作数据库

技能目标

1. 掌握磁盘文件的读写操作
2. 了解注册表结构与数据类型，会编程进行基本操作
3. 掌握编程操作数据库的一般方法
4. 学会封装常用类

任务内容

1. 使用磁盘文件保存登录用户名
2. 通过注册表保存登录密码
3. 用数据库技术实现登录动态认证

单元重点

1. 理解普遍文件存取数据的一般方法
2. 了解注册存取数据的一般方法
3. 掌握数据库存取数据的一般方法

上一单元介绍了如何通过密码方式验证用户的合法性，但是用户名和密码是固定在程序里面的，这样的验证可以说是中看不中用。那么，如何才能实现动态用户名或密码的验证呢？这就涉及数据存储与读取的问题。

数据是一个非常广泛的概念，包括一切有意义的数字信息，如文本、数字、声音、图形、视频等，对数据的有效处理及存储，是计算机应用的一个大的分支，本单元主要讨论结构化数据的存储问题。

任务 3-1 让登录窗口具有保存用户名的功能

任务分析

使用普通文件存取数据

扫码观看视频

为了方便用户登录，将上次登录的用户名保存下来，是非常常用的方法之一，本任务要求完成保存用户名的功能，登录时自动读取保存的结果，并自动写入到登录窗口的“用户名”文本框中。

必备知识

1．Windows 系统中数据的存储方式

程序运行时的所有数据都存放于内存中，这些数据随着程序的退出，会从内存中清除，如果需要将这些数据保存下来，留作以后使用，就需要保存到硬盘或其他永久性的存储设备中，这个过程通常称为“存盘”。

Windows 系统中，程序数据存盘一般有 3 种方式：普通文件、注册表和数据库。后两种方式其实也是存储到文件中的，只是这些存储文件有一套专门的读写接口，不能直接对文件进行操作。

2．文件保存数据

Windows 中的文件格式多种多样，总的来说分为两类，一类是文本文件（如.txt 等），另一类是二进制文件（如.exe 等），不同类型的文件读写方式不相同，所使用的方法（函数）也不相同。文件读写方式分两种：同步方式与异步方式，同步方式是指一次性读或写整个文件，一般用于处理小文件，异步方式并不一次性读写整个文件，而是以流的方式根据需要从指定位置读写数据，可以多次读写，异步方式要求文件一直处理打开状态，直到使用完后手动关闭。

.NET 处理文件的类与方法统一封装在 System.IO 命名空间中，常用的文件读写类包括

FileStream、BinaryReader、BinaryWriter、StreamReader、StreamWriter 等，FileStream 可以以同步或异步方式读写任意类型文件，BinaryReader 以二进制形式异步读取二进制文件，BinaryWriter 以二进制方式异步写文件，StreamReader 以文本方式异步读取文件，StreamWriter 以文本方式异步写文件。

世界上很多国家的文字都无法用标准 ASCII 码表示，因此，需要使用扩展 ASCII 码存储非拉丁文字，存储方式并没有完全统一，而是存在很多不同的标准，不同的存储标准称为字符编码，因此在处理不同编码文件时，需要指定编码标准，编码的处理是一件很令人头痛的事情，但幸运的是.NET 默认统一支持 Unicode 编码，可以支持世界上大多数语言文字，非特殊情况不需要自行设置编码规则。

3．StreamWriter 和 StreamReader

读写磁盘文件需要引入“System.IO”命名空间，本任务采用流的方式读写文件，系统提供了 StreamWriter 和 StreamReader 两个对象用于文件的读写。

这两个对象提供了多个重载初始化参数，包括文件名、字符编码、缓冲大小、创建策略等。StreamWriter 创建一个写入文件流，如果文件存在则打开它，第一个参数是要打开的文件路径及文件名，第二个参数是一个 bool 型参数，表示写入策略，设置为 True 时，表示接在原文件后面写入，如果设置为 False，则表示重写整个文件，即用新文件覆盖原文件。StreamReader 直接打开一个已存在的文件，如果文件打开失败，则返回空（null）。打开文件之前，最好使用 File 类判断文件是否存在，只有文件存在时才可以打开。

任务步骤

01 修改登录窗口

修改登录窗口布局，添加一个“保存登录用户名”复选框，效果如图 3-1 所示。

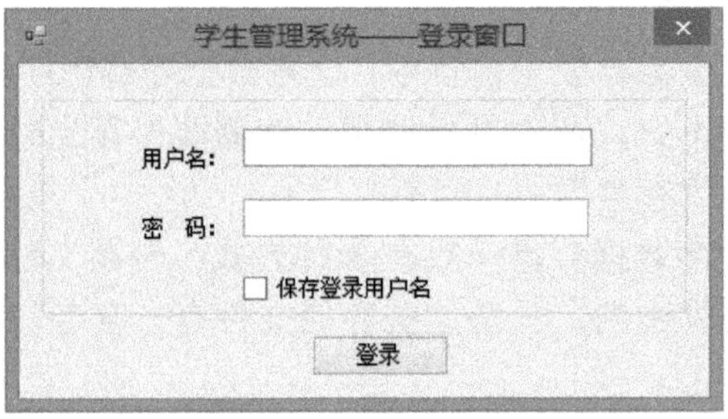

图 3-1　增加“保存登录用户名”复选框后的登录窗口

02 编写保存代码

修改登录代码，加上保存用户名功能。代码如下：

```
using System;
using System.Windows.Forms;
using System.IO;

namespace 学生档案管理系统
```

```
{
    public partial class login : Form
    {
        public login( )
        {
            InitializeComponent( );
        }
        private void button1_Click(object sender, EventArgs e)
        {
            string name = this.username.Text;
            string pass = this.password.Text;
            if (name == "admin" && pass == "123456")
            {
                if (this.checkBox1.Checked)
                {
                    SaveUser(name);
                }
                mainform mf = new mainform(name);
                this.Hide( );
                mf.Show( );
            }
            else
            {
                MessageBox.Show("用户名或密码错误!","警告",
                          MessageBoxButtons. OK, MessageBoxIcon.Error);
            }
        }
        private void SaveUser(string user)
        {
            StreamWriter sw = new StreamWriter(Application.StartupPath +
                          "\\user.dat", false);
            sw.WriteLine(user);
            sw.Close( );
        }
    }
}
```

登录时，如果用户名与密码输入正确，判断是否勾选了“保存登录用户名”复选框，如果是，则保存用户名，为了良好的代码可读性与程序规范化，需要养成自定义函数的习惯。自定义函数如下：

```
if (this.checkBox1.Checked)
{
```

```
        SaveUser(name);
    }
```

如果用户勾选了“保存登录用户名”复选框，则调用自定义的 SaveUser( )函数，并将登录名作为参数传给 SaveUser( )函数，SaveUser( )函数实现如下：

```
    private void SaveUser(string user)
    {
        StreamWriter sw = new StreamWriter(Application.StartupPath +
                                "\\user.dat", false);
        sw.WriteLine(user);
        sw.Close( );
    }
```

程序第一句：实例化一个 StreamWriter 对象，命名为 sw，实例化时传递两个参数，第一个参数是文件名，Application.StartupPath 表示获取当前程序的执行位置，与“\\user.dat”组合，表示在应用程序同级目录下生成 user.dat 文件。第二个参数为 false，表示如果文件存在，则覆盖，如果不存在，则创建。

程序第二句：将传入的参数以行的方式写入到创建的文件中。

程序第三句：关闭文件，不用的资源应及时关闭，避免共享冲突。

【注意】 使用 StreamWriter 对象之前，需要引入 System.IO 命名空间。

03 编写读取代码

在登录窗口加载时，判断保存用户名的文件是否存在，如果存在则将内容读出，写入到“用户名”文本框中，添加代码如下：

```
    private void login_Load(object sender, EventArgs e)
    {
        if (File.Exists(Application.StartupPath + "\\user.dat"))
        {
            this.username.Text = ReadSavedUser( );
        }
    }

    private string ReadSavedUser( )
    {
        if (!File.Exists(Application.StartupPath + "\\user.dat"))
            return "";
        StreamReader sr = new StreamReader(Application.StartupPath +
                                "\\user.dat");
        string user = sr.ReadLine( );
        sr.Close( );
        return user;
    }
```

在登录窗口空白处双击，系统自动生成 Login_Load( )函数，判断如果文件 user.dat 存在，则读取内容写入到 username 文本框中。

File 是一个用于处理文件的对象，存在于命名空间 System.IO 中，Exists( )方法的作用是判断文件名是否存在，输入参数为文件名，如果文件存在，则返回 true，否则返回 false。

当文件存在时，调用自定义的 ReadSavedUser( )函数，获取保存的用户名。ReadSavedUser( )函数返回一个字符串，不需要输入参数。该函数实现方法如下。

1）首先判断用户文件是否存在，如果不存在，则返回空字符串（""），这里使用了逻辑非（“!”）运算符，if (!File.Exists( ))等价于 if (File.Exists( ) == false)。

2）实例化 StreamReader 对象，打开指定文件，对象命名为 sr。

3）定义一个字符串变量 user，用于保存读取的用户名，ReadLine( )方法读取打开文件的一行数据。

4）关闭文件，并返回结果。

当保存用户名后，下次运行程序，保存的用户名会自动出现在“用户名”文本框中，如图 3-2 所示。

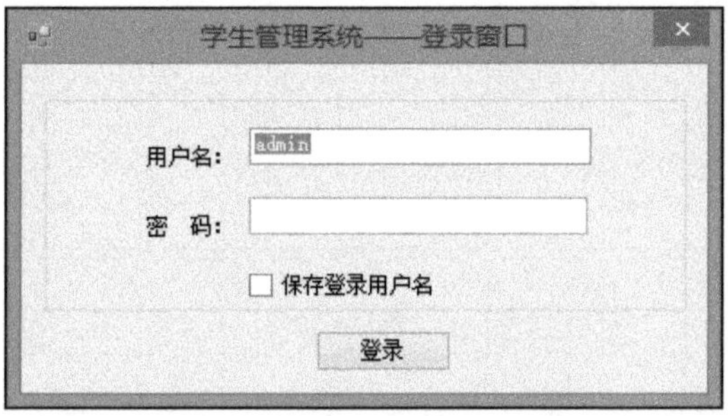

图 3-2　保存密码成功后的效果

【注意】 使用 if 做逻辑判断时，尽量避免使用 else，太多的 else 会增加程序结构的复杂度，降低程序的可读性。使用自定义函数能够很大程度上减少 else 的使用，例如，ReadSavedUser( )函数中，判断文件不存在时，直接返回空字符串，后面的代码就不会执行了，也就没有必要在后面加上 else 了。

【思考】 如果保存用户名后，希望清除保存的结果，应该如何实现呢？请读者自行完成。

任务总结

本任务以保存登录用户名为例，简单介绍了普通文件的读写方法，主要包括以下几个知识点。

1）实现文件读写功能需要引入 System.IO 命名空间。

2）File 对象的使用。这个对象能实现文件存在性判断、创建、复制、移动、删除、更改属性等操作，与它类似的还有 Directory 对象，主要对目录进行操作。

3）StreamReader 对象，以文件流的方式读取文件，有字节读取方式与行读取方式，功能强大，有一个 EndOfStream 属性，用于标识是否已经读取到了文件结尾，可以循环读取文件，直到结束。

4）StreamWriter 对象，以文件流的方式写入文件，实例化时带上文件名与追加（Append）方式参数，如果文件不存在，则自动创建新文件，如果文件存在，则打开，追加参数为 true 时接着文件末尾添加新内容，否则替换原有内容。

任务 3-2 利用注册表保存登录密码

任务分析

将序列号、注册码、自启动以及其他配置信息保存到注册表中是软件常用的技术，本任务以保存用户登录密码为例，熟悉 Windows 注册表的相关操作，利用注册表保存用户登录密码，实现下次免输入密码登录。

通过注册表存取数据

扫码观看视频

必备知识

1. 注册表保存数据

注册表是 Windows 系统的一项核心技术，它是 Windows 系统的大管家，Windows 系统本身以及多数应用程序所使用的配置参数、系统信息等都保存在注册表中，注册表数据庞大，结构复杂，适合保存数据量不大的重要数据。

由于各类应用软件滥用注册表，有些数据难以清除，导致注册表不堪重负。越来越多的用户开始反对软件随意写注册表的行为，大力倡导绿色软件，所谓绿色软件就是软件安装及使用过程中不写入注册表和系统文件，不给用户系统带来额外的负担，包括开机自启动等。

虽然不提倡随意读写注册表的行为，但作为一名 Windows 程序员，掌握注册表编程技术还是有必要的。

Windows 注册表与文件系统类似，也是采用树形结构管理，根下面有 5 个大项目，称为主键，运行 Regedit 命令，打开“注册表编辑器”窗口，如图 3-3 所示。

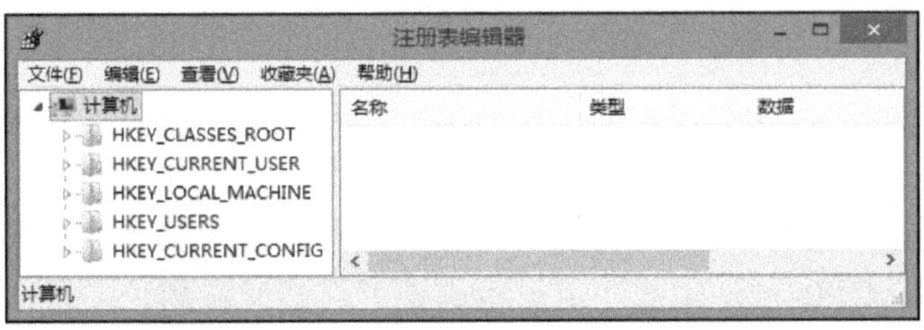

图 3-3 “注册表编辑器”窗口

主键下面包含若干子键，各级子键书写时用文件系统的路径符（\）连接，编程时应使用\\。子键又称为“项”，项下面可以包含多个键值，键值区分大小写，可以使用多种数据类型，键值相当于变量，变量的值称为数据。注册表值使用的数据类型如表 3-1 所示。

表 3-1 注册表数据类型及作用

类型	名称	使用说明
REG_SZ	字符串	用于保存普通字符串
REG_MULTI_SZ	多字符串	相当于字符串数组，用于保存多行数据
REG_EXPAND_SZ	可扩充的字符串	用于保存具有复杂结构的字符串
REG_BINARY	二进制数据	用于保存二进制数据
REG_DWORD	双字节整数	分 32 位和 64 位两类，用于保存整型数据

C#访问注册表时需要引入命名空间 Microsoft.Win32。

2. 注册表读写

注册表读写本是一件很复杂的工作，但.NET 框架提供了非常方便的访问方法，访问注册表需要使用到的对象有 3 个，如表 3-2 所示。

表 3-2 C#访问注册表常用对象

对象	属性或方法	作用
Registry	ClassesRoot	打开 HKEY_CLASSES_ROOT 主键
	LocalMachine	打开 HEKY_LOCAL_MACHINE 主键
	CurrentUser	打开 HKEY_CURRENT_USER 主键
	CurrentConfig	打开 HKEY_CURRENT_CONFIG 主键
	Users	打开 HKEY_USERS 主键
	CreateSubKey( )	创建子键，如果存在则打开
	OpenSubKey( )	打开子键，如果子键不存在，则打开失败
	DeleteSubKey( )	删除子键
RegistryKey	SetValue( )	写入键值
	GetValue( )	读取键值
	DeleteValue( )	删除键值
	CreateSubKey( )	创建子键，如果存在则打开
	OpenSubKey( )	打开子键，如果子键不存在，则打开失败
	DeleteSubKey( )	删除子键
RegistryValueKind	Binary、DWord、ExpandString、MultiString、None、QWord、String、Unknown	提供各种注册表值所支持的数据类型

任务步骤

01 修改窗口布局

在窗口上添加一个“保存登录密码”复选框，效果如图 3-4 与图 3-5 所示。

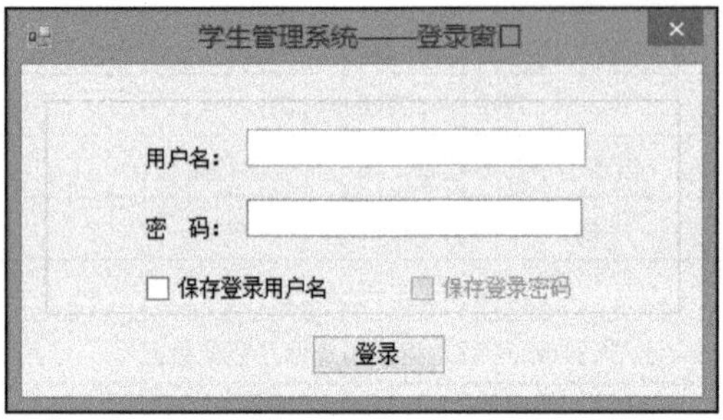

图 3-4 未勾选“保存登录用户名”复选框时的效果

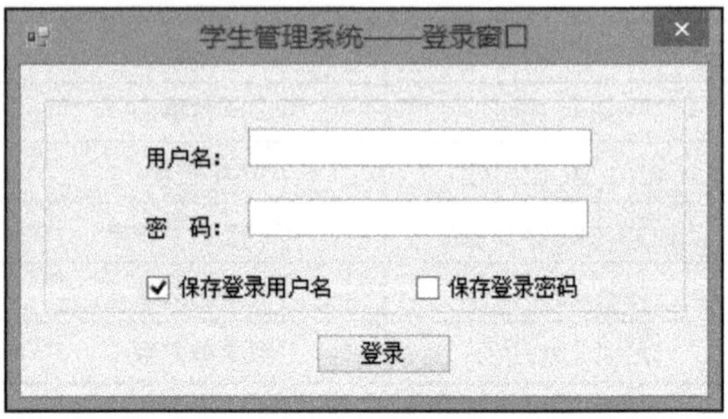

图 3-5 复选框控件联动

“保存登录密码”复选框默认不可用，因为如果不保存用户名，保存密码就没有意义。在“保存登录用户名”复选框中加上一个勾选变化事件，当勾选“保存登录用户名”复选框后，“保存登录密码”复选框才可选择，双击 checkBox1 复选框，编写代码如下：

```
private void checkBox1_CheckedChanged(object sender, EventArgs e)
{
    if (this.checkBox1.Checked)
    {
        this.checkBox2.Enabled = true;
    }
    else
    {
        this.checkBox2.Enabled = false;
        this.checkBox2.Checked = false; //如果有勾选,也将其取消
    }
}
```

02 编写读写注册表代码

先编写两个函数，用于写注册表与读取注册表，分别命名为 SavePass( )与 ReadPass( )，具体代码如下：

```
private void SavePass(string pass)
{
    RegistryKey pkey = Registry.LocalMachine.CreateSubKey
                       ("software\\学生档案管理系统");
    pkey.SetValue("LoginPass", pass, RegistryValueKind.String);
    pkey.Close( );
}

private string ReadPass( )
{
```

```
        RegistryKey pkey = Registry.LocalMachine.OpenSubKey
                          ("software\\学生档案管理系统");
        if (pkey == null)
            return "";
        string pass=pkey.GetValue("LoginPass").ToString( );
        pkey.Close( );
        return pass;
    }
```

这里主要用到了 Registry 对象的两个方法：CreateSubKey( )与 OpenSubKey( )，写入位置为 HEKY_LOCAL_MACHINE\\software 文件夹下，新建子键名为“学生档案管理系统”，然后使用 SetValue( )向新建的子键写入值“LoginPass”，数据为用户输入的密码，类型为 RegistryValueKind.String。

同样，读取时，先打开设定的子键，再使用 GetValue 方法读出 LoginPass 的值，读取时并没有指定类型，获取的值是 Object 类型，因此需要使用 ToString( )将结果转换成字符串返回。

为了防止读取错误，在打开子键后，需要对结果进行判断，如果为空（null），则打开失败，表示没有保存密码，返回空字符串，不再继续向后执行。

03 编写保存与读取代码

在判断登录成功时，加上保存密码的判断，调用保存密码处理函数，窗口加载时，将保存的密码读出写入到“密码”文本框中，如果读取失败，写入空字符串，对运行并不会造成什么影响，因此，读取前不需要进行有效性判断。具体代码如下，加粗为新增部分：

```
private void button1_Click(object sender, EventArgs e)
{
    string name = this.username.Text;
    string pass = this.password.Text;
    if (name == "admin" && pass == "123456")
    {
        if (this.checkBox1.Checked)
        {
            SaveUser(name);
        }
        if (this.checkBox2.Checked)
        {
            SavePass(pass);
        }
        mainform mf = new mainform(name);
        this.Hide( );
        mf.Show( );
    }
    else
```

```
        {
         …
        }
    }
    private void login_Load(object sender, EventArgs e)
    {
        if (File.Exists(Application.StartupPath + "\\user.dat"))
        {
            this.username.Text = ReadSavedUser( );
        }
        this.password.Text = ReadPass( );
    }
```

测试程序，第一次登录成功后，第二次运行程序时，登录窗口如图 3-6 所示。

图 3-6　保存密码后的登录窗口

任务总结

本任务通过实现用注册表保存登录密码的实例，简单介绍了 Windows 注册表的编程操作方法，主要包括以下几个方面的内容。

1）注册表的结构。Windows 注册表结构复杂，信息量庞大，注册表中的某一项代表什么含义，微软公司并没有完全公开，因此，很多人感觉注册表很神秘，不敢轻易尝试去操作注册表，但作为一名 Windows 程序员，掌握基本的注册表编程技能还是有必要的。

2）对注册表的操作比较简单，就是写入、读取、删除操作，操作子键使用 CreateSubKey( )、OpenSubKey( )与 DeleteSubKey( )方法，而操作值用 SetValue( )、GetValue( )与 DeleteValue( )方法。

3）注册表的路径符需要转义，使用“\\”。

4）注册表操作需要一定的用户权限。Windows 7 以上版本的系统，需要以管理员身份运行应用程序才能正常写入或删除注册表中的数据。

任务 3-3 通过数据库技术实现登录验证

任务分析

创建一个 C#应用程序，介绍界面工具

扫码观看视频

上一单元完成了登录验证的逻辑功能，但使用的是固定字符串比较，现需要使用数据库技术，实现动态密码验证。

必备知识

1. 数据库保存数据

早期的数据保存都是程序员根据需要自行设计存储格式，以普通文件保存到磁盘上，当数据量太大，结果复杂时，添加、修改、删除、读取都是一件非常困难的事情，人们开始研究规范统一的存储格式，并尝试使用标准的存取接口，进而使用统一规范的操作语言，最终发展成为数据库技术。

（1）什么是数据库

数据库技术作为计算机行业的核心技术之一，几十年来，发挥着非常重要的作用，已经渗透到了计算机行业的各个领域，人类已经进入了大数据时代，如果没有数据库技术的支撑，很难想象这样巨大数量的数据如何管理和检索。

数据库，从字面含义来理解就是存放数据的仓库，仓库就有仓库的管理规范，有相应的管理机制和存放规则，按数据存储结构的不同，可以将数据库划分为网络型数据库、层次型数据库和关系型数据库三大类。这里只需要考虑关系型数据库，本单元的学习内容都是针对关系型数据库进行组织的。

多家软件公司专业进行数据库开发，现在用得比较多的数据库系统有 Oracle、SQL Server、MySQL、Sybase DB2 等专业数据库，还有 Access、Visual FoxPro 等桌面数据库。Oracle 是甲骨文公司的主打产品，是当前世界上技术最先进、管理难度最大、处理能力最强的数据库，一般用于大型企业的数据管理；SQL Server 是微软公司推出的数据库管理系统，对个人用户及单 CPU 的小型客户是免费提供的，SQL Server 因为 Windows 服务器以及桌面系统的绝对市场优势，是全世界使用最多的数据库管理系统，本单元主要介绍 SQL Server 数据库的管理与使用；MySQL 是与 PHP 共同发展的免费数据库，因其开源及免费的特性，市场占有率也相当高，仅次于 SQL Server。

数据库操作有一套标准的处理语句，称为 T-SQL 语言，属于行业规范，任何数据库都必须遵从 T-SQL 标准。

T-SQL 语言包括以下几个大类。

1）数据定义语言（DDL）。

① create（创建）。

② alter（修改）。

③ drop（删除），针对对象、表、视图、存储过程、自定义函数等。

以上 3 类语句常用于高级操作，一般来说，针对大型项目的数据库处理开发才用得上。

2）数据操作语言（DML）。

① insert（插入），往表中插入数据：

insert into 表名（字段 1，字段 2，字段 3，…，字段 *n*）

values（值 1，值 2，值 3，…，值 *n*）

【注】 *n* 最大可等于 1024。

② update（更新）：

update 表名 set 字段 1 = 修改后的值，字段 2 = 修改后的值 … where 条件

【注】 如果不带条件，则表示更改所有数据。

③ delete（删除），针对对象的内容：

delete from 表名 where 条件

【注】 如果不带条件，则表示删除所有数据，慎用。

3）数据查询语言（DQL）。查询（Select）是数据库操作的重点，语法复杂，功能强大，将使用专门的篇幅介绍。

4）数据控制语言（DCL）。

① revoke（撤销）。

② deny（拒绝）。

③ grant（同意、授权）

以上 3 类语句用于数据库管理及授权，适用于高层次数据库管理工程师。

（2）创建数据库及表

1）常用数据类型。SQL Server 数据库（包括多数其他数据库）分两级管理数据：库和表，一个数据库中可以包含多个表，表是一个行列二维的关系结构，列称为字段（也称为属性），行称为记录。字段用于存放记录的不同分量，各个分量表示的含义不同，数据类型也不同，数据库支持的类型相当多，但常用的较少，计算机中一般用 char 表示文字型数据，SQL Server 数据库全面支持 Unicode 字符编码，用于存储非拉丁文类文字，前面用 n 标识，nchar 一般用于存储中文等非拉丁文数据。数据库字段长度是固定的，为了存储的方便，一般会预留多一些存储空间，这样会导致有效数据后面带上空格，增加处理难度，因此，SQL Server 提供了 var 关键字，nvarchar 表示用于存储可变长的 Unicode 数据。除非是确定用于存储纯数字或英文字母，为了节省存储空间而使用 char 外，一般都建议使用 nvarchar 数据类型。常用的数据类型如表 3-3 所示。

表 3-3 SQL Server 支持的常用数据类型

数据类型	类型说明	表示范围	适用对象
int/smallint	整型	32 位或 16 位整数	整型数据
float	浮点型	32 位浮点数	一般小数
nvarchar	字符串类型	需要指定，最大 8000	包含中文的不定长字符串
datetime/smalldatetime	日期类型	—	表示日期/时间
ntext	文本类型	只与磁盘空间限制有关	超过 8000 字的大文本
money	货币型	—	表示货币
bit	位类型	1 位	表示真或假

2）一般建表原则。为了处理的方便及系统的完整性，建立数据表时需要注意以下一些规则。

① 自动标识的唯一 id 值。不管是否有必要，每个表中都建立一个 id 字段，数据类型为整型，设置为标识，这样每条记录都会自动生成一个唯一的编号，数据类型为整型，便于后面的处理，并可以把该字段作为表的主键。

② 规范命名。出于系统兼容性的考虑，表中字段名不可使用中文，不能使用数字开头，除了下划线外，不要使用其他符号；一般用有含义的英文或汉语拼音表示，具有明显分类型的字段，可以加上前缀，并用下划线连接，但不能留下空格。

③ 预留空间。除非长度非常确定的数据，否则，设计字符串类型时，均建议多预留一些空间，在摩尔定律的支撑下，计算机存储空间爆炸式增长，而存储成本不断下降，对于普通应用系统而言，存储空间的占用已经不是考虑的重点了。

（3）数据库连接方式

应用程序如何访问数据库呢？常见有两种连接方式：DBO 连接与 ODBC 连接，DBO 连接与具体的数据库系统相关，不同的数据库系统均提供自己的 DBO 连接驱动，并具有自己特有的连接方式和连接字符串。ODBC 连接是开放的数据库连接技术，ODBC 提供程序负责处理具体数据库的连接，同时给应用程序提供标准的数据连接接口，这种连接技术在开发应用程序时不需要考虑具体的数据库，只需要遵从 ODBC 连接标准即可，这种应用程序可移植性很好，移植时基本上不需要修改任何参数，但这种连接方式是开放的，没有身份认证机制，安全性较差。

2．字段设计

用于身份认证的表至少应该包括“用户名”和“密码”两个字段，但很多情况下还应该包含“登录成功时间”、“登录失败时间”、“用户角色”、“找回密码问题”、“找回密码答案”等字段。本任务只使用两个必需字段，字段设计如表 3-4 所示。

表 3-4 用于登录的数据表字段

字段名	字段类型	备注
id	int	自动标识
username	nvarchar（20）	一般不超过 20 个字符，可以保存中文
password	nvarchar（20）	密码长度假定也不超过 20 个字符

3. 连接数据库

连接数据库需要导入 SQL Client 命名空间，一般通过以下几步完成数据库操作。

1）定义 Connection 连接对象，并通过连接字符串与数据库连接。

2）打开 Connection 对象。

3）生成命令对象，加入需要的 SQL 语句。

4）执行数据库命令，得到所需结果。

4. 验证登录

根据用户输入的用户名和密码，从数据库中查询相应的记录，一般采用 count 统计命令统计符合条件的结果，如果结果大于 0，表示存在该用户，且输入密码正确，否则表示登录失败。

任务步骤

01 建立数据库

数据库类型选择“数据库引擎”，服务器名称一般有 3 种表示方法：计算机名、IP 地址、“.” 或（local）。使用计算机名不太稳定，IP 地进需要启动数据库服务的 TCP/IP 支持，如果是登录本机数据库，建议使用 “.”。第一种与第三种方法可以使用 Windows 身份认证，第二种方法只能使用数据库管理员登录，如 sa。详细信息请参阅 SQL Server 的相关资料，打开据数库管理器如图 3-7 所示，新建数据库如图 3-8 所示。

图 3-7　打开 SQL Server 管理器

02 建立数据表

设置好字段名，注意加上 id 号，字段名不要用中文。保存为 admin 表，如图 3-9 所示。

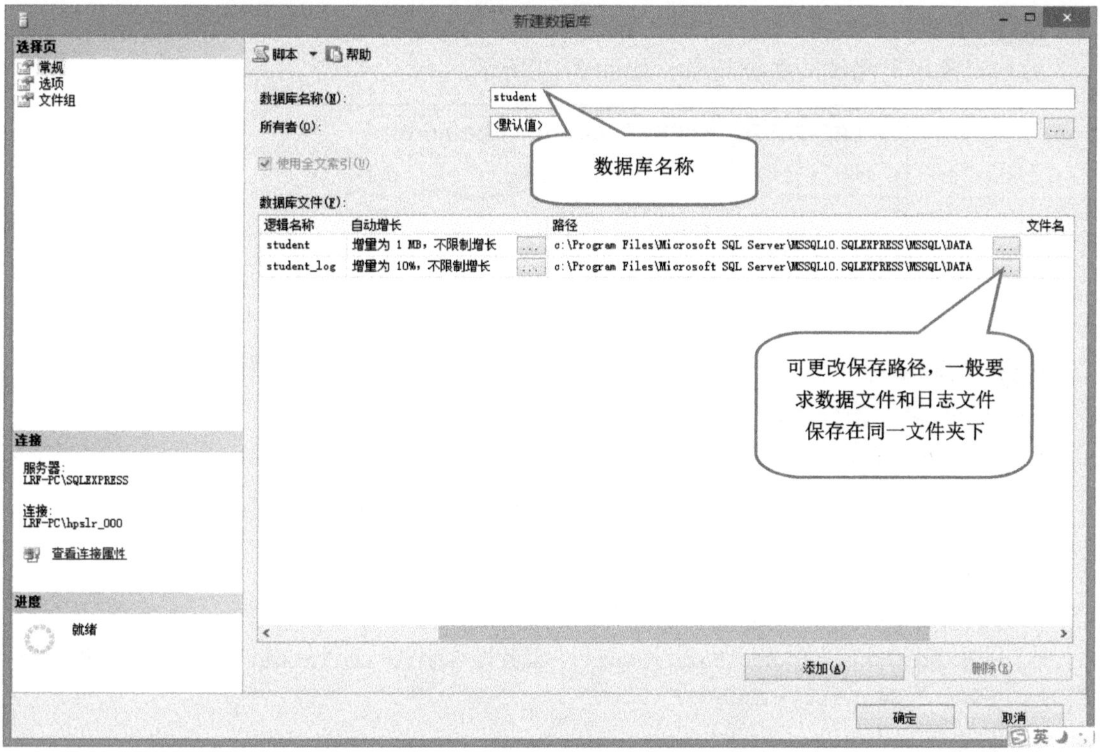

图 3-8 新建数据库

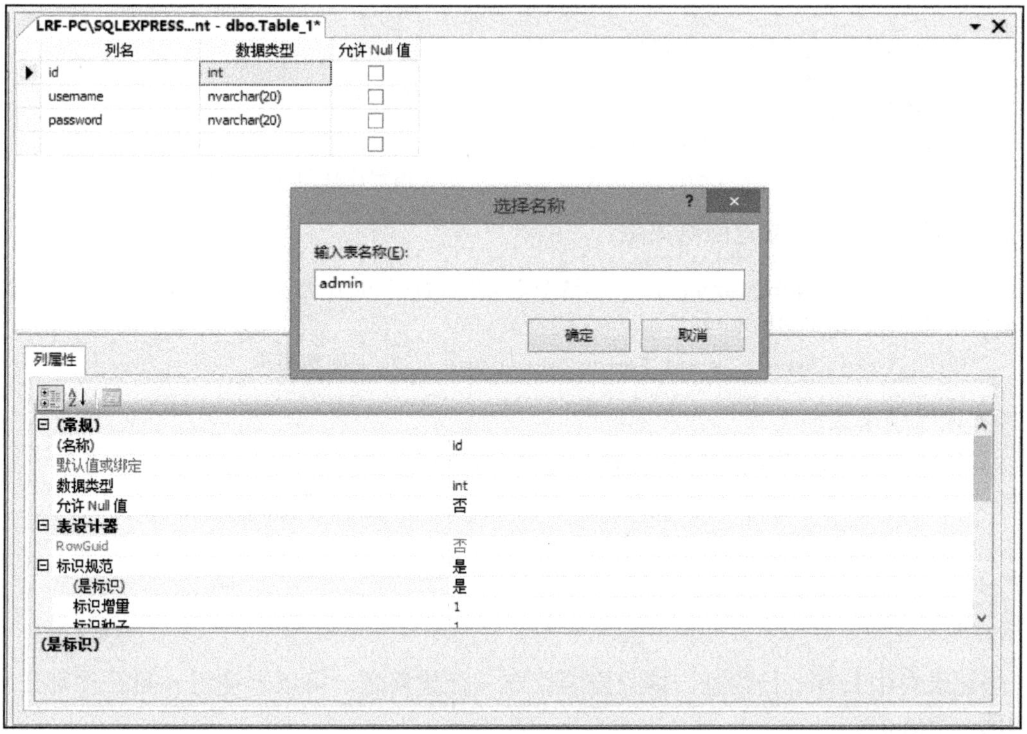

图 3-9 设计并保存数据库表

03 创建初始数据

添加一条用于测试的数据记录，如图 3-10 所示。

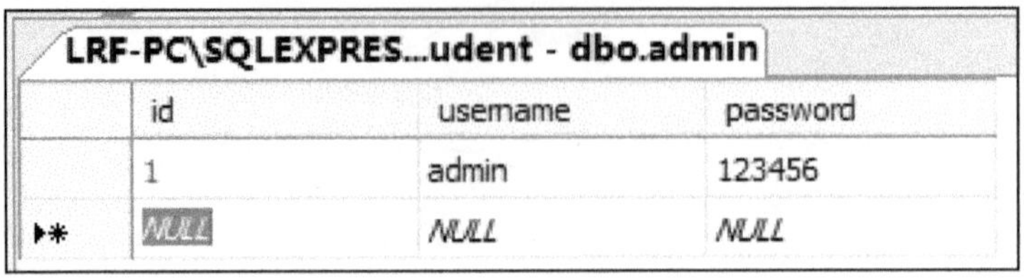

图 3-10　添加一条测试记录

04 代码编写

（1）C#数据库编程流程

1）导入命名空间：

```
using System.Data.SqlClient;          //连接 SQLServer 数据库专用
```

2）创建连接：

```
SqlConnection conn =
new SqlConnection("Data Source=服务器名字或 IP;Initial Catalog=数据库名字;Integrated Security=True");
```

3）打开连接，第②步并没有真正连接数据库：

```
conn.Open( );                         //真正与数据库连接
```

4）向数据库发送 SQL 命令要使用 SqlCommand：

```
SqlCommand = new SqlCommand( );       //创建命令对象
cmd.CommandText = "这里是 SQL 语句";   //写 SQL 语句
cmd.Connection = conn;                //指定连接对象,即上面创建的连接对象
```

5）处理 SQL 命令或返回结果集：

```
cmd.ExecuteNonQuery( );  /*这个语句仅仅执行 SQL 命令,不返回结果集,用于建表、批量更新等不需要返回结果的操作*/
SqlDataReader rs =cmd.ExecuteReader( );//返回结果集
```

6）读取结果集：

while (rs.Read( ))//循环读每行，按指定类型读取列

```
{
    rs.GetInt32(0);
    rs.GetString(1);
}
```

当记录集中只有一行数据，或只需要读取一行数据时，可以不使用 while 循环，而直接调用 rs.Read( )。

7）关闭连接：

```
conn.Close( );
```

（2）编写登录验证代码

用函数实现：

```
private bool LoginSucc(string username, string password)
{
    SqlConnection conn = new SqlConnection("Data Source=.\\
                         SQLEXPRESS;Initial Catalog= student;
                         Integrated Security=True");
    conn.Open( );
    SqlCommand cmd = new SqlCommand("select count(*) from [admin]
                    where username='" + username + "' and
                    password='" + password + "'", conn);
    SqlDataReader rs = cmd.ExecuteReader( );
    if (rs.Read( ))
    {
        if (rs.GetInt32(0) > 0)
        {
            conn.Close( );
            return true;
        }
    }
    conn.Close( );
    return false;
}
```

（3）代码解释

代码第一句，建立数据库连接，Data Source 表示要连接的服务器，Initial Catalog 表示要打开的数据库，Integrated Security=True 表示使用 Windows 内部验证，这里还可以使用用户名和密码验证，分别用 UserID 和 Password 带参数，例如，UserID=sa，Password=123。

代码第二句，打开数据库连接。

代码第三句，新建一个 SQL 命令，包括查询语句和数据库连接。

代码第四句，新建一个数据库记录集，并执行 SQL 命令。

代码第五句，若打开数据记录集成功执行。

代码第六句，从记录集中以整数格式读取结果并比较，判断有没有符合条件的数据。

代码第七句，关闭数据库，这一句容易被忽略，但是必需的，如果用完后不及时关闭数据库，会导致数据库资源耗尽而使系统崩溃，同样，如果没有查到符合条件的记录，在返回 false 之前，也要关闭数据库。

（4）修改登录验证代码

修改登录验证代码，使用函数判定登录是否成功，将原来的字符串直接比较代码换成函数调用，代码修改如下：

```
private void button1_Click(object sender, EventArgs e)
{
    string name = this.username.Text;
    string pass = this.password.Text;
    if (LoginSucc(name, pass)) //调用函数判断是否登录成功
    {
     …
    }
    else
    {
     …
    }
}
```

【难点突破】 数据库操作时，文本型数据（char、text、datetime 等）需要加上单引号作为边界标识，数值型数据（int、float、money 等）不需要任何标识。编程进行数据库操作时，需要动态生成查询语句，这就涉及构造字符串的问题。

例如，有如下查询语句：select * from admin where username='admin'，这里的 admin 需要用单引号引起来。当在程序中要使用该查询语句时还需要加上双引号作为查询字符串，例如，string sql = "select * from admin where username='admin'"，此时，字符串的最后位置是一个单引号和一个双引号。

在实际应用中，用户名是动态生成或读取的，这里的查询语句 sql 字符串包含两部分：一部分是标准的 T-SQL 查询语句，另一部分是作为用户名的字符串。

```
string name = "admin";
string sql = "select * from admin where username=";
```

如果将两个字符串拼接起来，结果如何呢？

```
sql += name;
```

执行以上语句后 sql 字符串的结果是 select * from admin where username=admin，与需要的字符串相比，缺少了单引号，将该字符串作为查询语句访问数据库时会出错。

由此可见，编程时应该将单引号加上，代码如下：

```
sql = sql + "'" + name + "'"
```

此时执行后 sql 字符串的结果是 select * from admin where username='admin';

因此，若有如下变量声明：

```
name = "admin";
pass = "123456";
```

如果要构造如下字符串：

```
select * from admin where username='admin' and password='123456'
```

则构造字符串应该写成以下格式：

```
    sql = "select * from admin where username='"+ name + "' and password='"
+ pass + "'";                                       ①          ②              ③
         ④
```

位置①：单引号+双引号，单引号是前面字符串 select * from admin where username=' 的一部分，用于构造用户名前面的单引号。

位置②：双引号+单引号，单引号是后面字符串 ' and password=' 的一部分，用于构造用户名后面的单引号。

位置③：单引号+双引号，单引号是前面字符串 ' and password=' 的一部分，用于构造密码前面的单引号。

位置④：双引号+单引号+双引号，用于补齐密码的最后一个单引号。

任务总结

本任务利用数据库技术，实现了登录密码的动态验证，数据库访问技术相对比较复杂，主要用到以下几个知识点。

1）创建数据库与表，并添加测试数据。

2）C#编程连接数据库的过程与一般方法。

3）字符串的构造。对初学者来说，这是一个难点，需要认真思考。

任务 3-4 封装一个简单数据库访问类

任务分析

项目开发中，数据库操作比较频繁，而且代码也比较繁琐，根据 DRY 原则，每次做相同的、且极容易出错的工作是不符合软件规范的，因此，需要封装一个用于数据库访问的类，以便在后面的项目中使用。

封装一个通用数据库访问类

扫码观看视频

必备知识

C#编程中，一般用类封装一些可被重复调用的功能，类是一个独立的.cs 文件，生成的文件名与类名相同。关于类的详细介绍，请参阅单元 2 相关内容。

任务步骤

01 新建类

添加一个新类，命名为 Database，新建过程如图 3-11 所示，初始代码如图 3-12 所示。

图 3-11 添加类文件

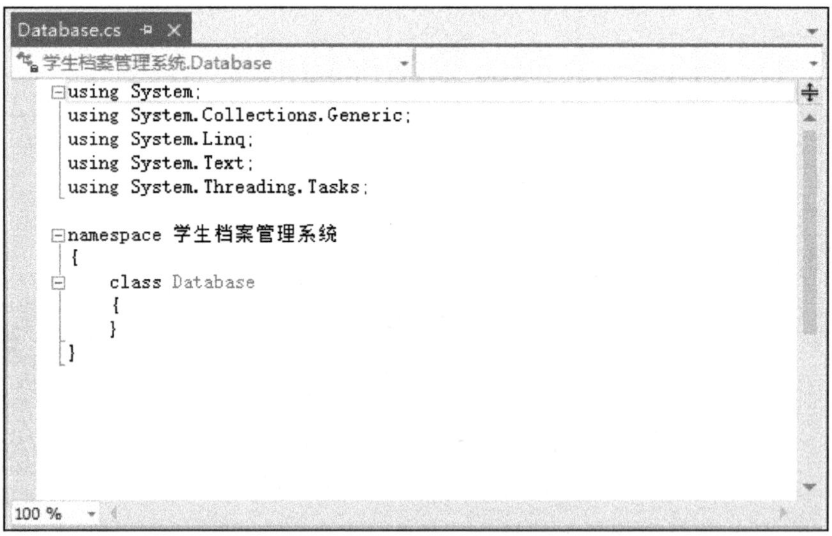

图 3-12 类文件初始代码

02 编写代码

首先定义两个全局私有变量，一个是 SqlConnection 类型变量，用于保存数据库连接，一个是 string 类型变量，用于保存数据库连接字符串，当项目发布后，随着系统环境不同，数据库连接字符串也会有区别，因此在实际项目开发中，这个连接字符串需要根据环境配置，并保存在普通文件或注册表中。

整个类中包含 6 个函数，一个用于打开数据库连接，命名为 Open；一个用于关闭连接，命名为 Close；一个用于执行 SQL 语句，命名为 ExcuteSql；一个用于返回 SqlDataReader 记录集，命名为 GetDataReader；一个用于返回 DataSet 记录集，命名为 GetDataSet；一个用于判断有没有符合条件的数据，命名为 DataExist。后 4 个函数需要传入 SQL 语句作为参数使用。具体代码如下：

```
using System;
using System.Data.SqlClient;
using System.Data;

namespace 学生档案管理系统
{
    class Database
    {
        SqlConnection conn = null;
        string constr = "Data Source=.\\SQLEXPRESS;Initial Catalog=
                        student; Integrated Security=True";

        private bool Open( )
        {
            if (conn == null)
            {
                conn = new SqlConnection(constr);
                try
                {
                    conn.Open( );
                    return true;
                }
                catch
                {
                    return false;
                }
            }
            return true;
        }

        /// <summary>
        /// 关闭所有连接
        /// </summary>
        public void Close( )
        {
```

```
    if (conn != null)
    {
        conn.Close( );
        conn.Dispose( );
        conn = null;
    }
}
/// <summary>
/// 返回 SqlDataReader 类型数据集,需要持续连接数据库,使用过程中不能关闭
/// 使用完成后需要手动调用 Close( )关闭打开的连接与记录集
/// </summary>
/// <param name="sql"></param>
/// <returns></returns>
public SqlDataReader GetDataReader(string sql)
{
    if (Open( ))
    {
        try
        {
            SqlCommand cmd = new SqlCommand(sql, conn);
            SqlDataReader rs = cmd.ExecuteReader( );
            cmd.Dispose( );
            return rs;
        }
        catch
        {
            return null;
        }
    }
    return null;
}


/// <summary>
/// 以 DataSet 格式返回数据集,DataSet 使用内存区域存储数据副本,
/// 返回前可以关闭数据库连接,DataSet 使用完成后,不需要手动关闭
/// </summary>
/// <param name="sql"></param>
/// <returns></returns>
public DataSet GetDataSet(string sql)
{
    if (Open( ))
    {
```

```
        try
        {
            SqlCommand cmd = new SqlCommand(sql, conn);
            SqlDataAdapter da = new SqlDataAdapter(cmd);
            DataSet ds = new DataSet( );
            da.Fill(ds);
            da.Dispose( );
            Close( );
            return ds;
        }
        catch
        {
            return null;
        }
    }
    return null;
}

/// <summary>
/// 执行 SQL 语句,用于插入、修改与删除操作,返回受影响结果条数
/// </summary>
/// <param name="sql"></param>
/// <returns></returns>
public int ExcuteSql(string sql)
{
    if (Open( ))
    {
        try
        {
            SqlCommand cmd = new SqlCommand(sql, conn);
            return cmd.ExecuteNonQuery( );
        }
        catch
        {
            return 0;
        }
        finally
        {
            Close( );
        }
    }
    return 0;
}
```

```
        /// <summary>
        /// 根据传进来的SQL语句,判断记录是否存在
        /// 传入的SQL语句一定是用Count(*)统计数据,否则得到错误结果
        /// </summary>
        /// <param name="sql"></param>
        /// <returns></returns>
        public bool DataExist(string sql)
        {
            SqlDataReader rs = GetDataReader(sql);
            try
            {
                if (rs.Read( ))
                {
                    if (rs.GetInt32(0) > 0)
                        return true;
                }
                return false;
            }
            catch
            {
                return false;
            }
            finally
            {
                Close( );
            }
        }
    }
}
```

以上代码中，使用了 try… catch…捕获异常，用于处理意外错误，关于异常与捕获相关知识，将在单元 4 进行介绍。

代码行前加“///”也是注释的一种，也叫文档注释，用于对类和方法进行注释。

任务总结

对数据库访问代码的封装，是使用自定义封装的第一步，但本任务所完成的只是一个非常简单的功能封装，没有考虑到数据安全、执行效率等方面的问题，但也足以完成基本的数据库访问操作了。本任务主要用到了以下几个知识点。

1）自定义类，对代码进行封装，以 public 函数形式对外提供方法访问。

2）SqlDataReader 对象的使用。这是一个较常用的数据库访问技术，因其持续连接的特性，多用于网络多用户编程，使用时要慎用，用完后一定要关闭记录集与数据库的连接。

3）DataSet 的使用。因 DataReader 的缺点，一般推荐使用 DataSet，DataSet 本身与数

据库没什么关系，使用 DataSet 时也不需要使用引入数据库访问的相关命名空间；可以把 DataSet 看作一个三维泛型数组。DataSet 中有表，表中有行和列，行与列的值是对象，使用时需要转换数据类型。

4）捕获执行过程中的异常。相关内容将在后续课程中介绍。

单元小结

数据存储是计算机软件开发的一项重要内容，对于少量数据，可以考虑使用普通磁盘文件存储，对于私密性的重要数据，可以采用注册表存储，但对于大数据量的存储，数据库技术是首选。数据库技术本身并没有什么难度，无非是增、删、改、查 4 种基本操作，真正重要的是数据之间的逻辑关系。

4

单元 4　程序出错了怎么办

单元导读

1. 程序错误包括哪几类
2. 什么是编辑错误，如何解决
3. 什么是异常，如何处理
4. 什么是软件Bug，如何应对软件Bug

技能目标

1. 会设置断点调试程序
2. 掌握异常的捕获及处理方法
3. 利用异常做数据格式的判断

任务内容

1. 捕获并处理异常
2. 合理利用异常

单元重点

1. 理解常见的程序错误
2. 掌握异常捕获，提高程序的容错性
3. 利用异常机制，简化验证工作
4. 掌握VS的高度功能，熟悉程序跟踪执行对于初学者来说，程序出错是最令人头痛的事情，程序出错一般分为 3 类。

第一类是编译错误，这是一种最常见、也是最容易解决的错误，当调试时出现如图 4-1 所示的错误提示，就是编译错误。

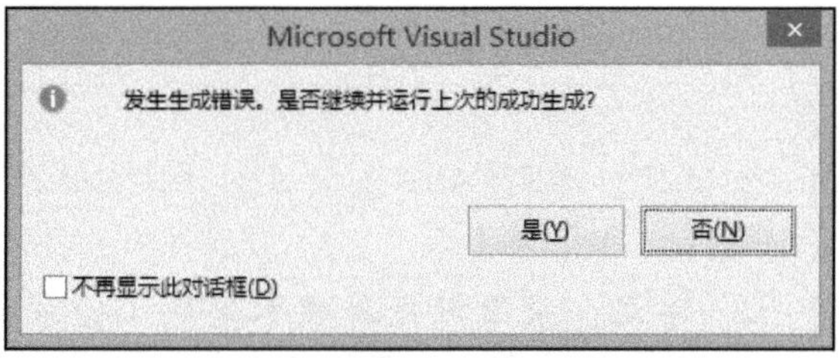

图 4-1　编译错误系统提示

第二类错误在执行时发生，执行过程中，出现计算错误、数据越界、空引用等“意想不到”的错误，这类错误称为异常（Exception），发生异常时，会出现如图 4-2 所示的错误提示。

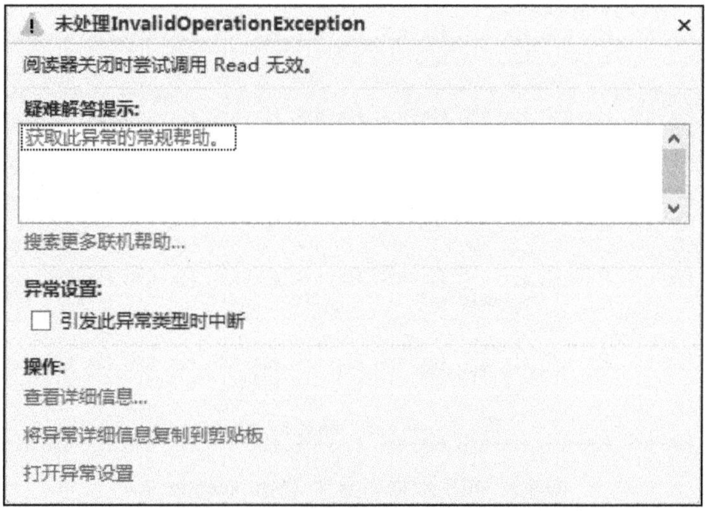

图 4-2　执行过程中出现未处理的异常

第三类是逻辑错误，程序编译时没有问题，执行时也没有异常，但就是得不到预期的结果，这类错误属于高级错误，特别是那些需要在极特殊情况下才会发生的逻辑错误，排查起来非常困难，这种错误通常称为“逻辑炸弹”，也称为软件 Bug。Bug 一般都具有很强的隐蔽性，不易被发现，有些 Bug 可能从软件投入使用到退役，整个生命周期中都没有被发现。某些 Bug 可能导致很严重的危害，甚至被迫对软件进行重写，因此，经常看到软件需要打补丁，修复 Bug。

2007 年，国内某主流下载工具曾经出现了一个很严重的 Bug，偶尔会在下载到 98%～99%时出现错误，无法继续工作，且已下载部分也损坏不可用。据公司内部权威人士透露，这个 Bug 全体技术人员排查了近半年时间才彻底解决，而该软件版本直接从 5 跳到 7，或许也与这件事情相关。很多软件公司都有自己抓 Bug 的血泪史，因此，在软件公司中会有一个测试团队，专门测试、查找软件的 Bug。

任务 4-1 加固登录页面的数据库验证代码

任务分析

加固程序，防止异常

扫码观看视频

上一单元，采用数据库技术实现了登录验证，但如果本机没有配置数据库，或数据库中有错误，就会出现异常，异常结果如图 4-3 所示。

该异常提示得较明白，对于程序员来说是一件好事，知道错在哪里，但如果程序发布后再出现这类错误，就会导致软件崩溃，因此，必须进行异常处理。

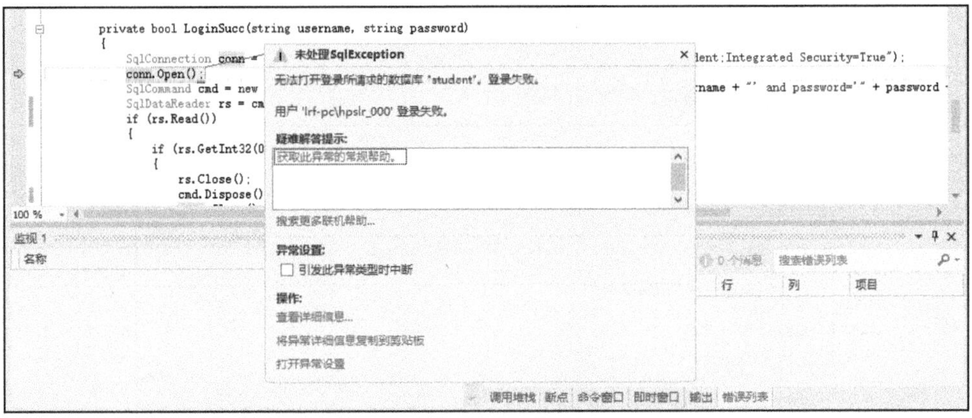

图 4-3　出现数据库异常（SqlException）

必备知识

1．编译错误的排查

编译错误时，除了出现图 4-1 所示的提示外，还会在编译器下方错误列表中出现错误提示，如图 4-4 所示。

程序执行之前，需要先编译成可执行文件，如果曾经编译过，就存在一个上一版本的可执行文件，这个弹框提示：本次编译因出现错误而失败了，是否要使用上次编译的版本执行。此时，如果单击“是”按钮，可以继续执行上一版本的文件，但最近的修改无效。

出现编译错误时，可以通过双击错误列表的错误项，直接定位到出现错误的代码行，一般来说，比较容易查出问题所在。

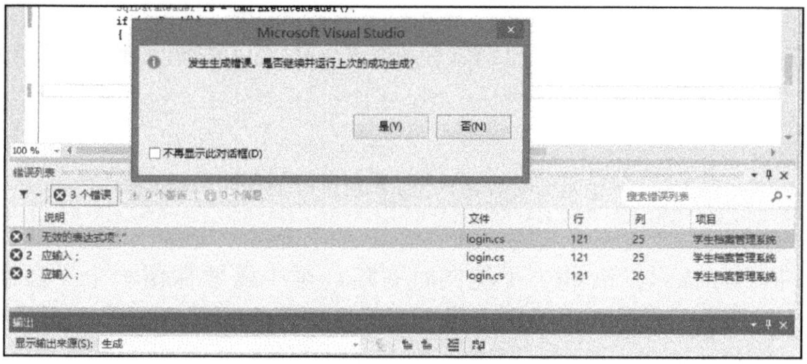

图 4-4　编译错误的错误列表

2．异常的处理

程序异常是无法避免的，C#为程序员提供了一套完整的异常处理机制，合理利用这些异常机制，可以很好地处理异常，甚至利用异常机制完成复杂的判断工作。

异常分两大类：一类是公共类异常，也称为系统异常；另一类是用户自定义异常，程序员在开发时，对极端情况进行预处理，以异常的形式抛出预知错误，然后利用异常处理机制，决定程序的走向或给用户友好的错误提醒。公共类异常如表 4-1 所示。

表 4-1　C#易出现的公共类异常

异常类	异常说明
System.ArithmeticException	在算术运算期间发生的异常，如 System.DivideByZeroException 和 System.OverflowException，分别表示被 0 除和缓冲溢出
System.ArrayTypeMismatchException	数据类型不符。当存储一个数组时，如果由于被存储的元素的实际类型与数组的实际类型不兼容而导致存储失败，就会引发此异常
System.DivideByZeroException	被 0 除。在试图用零除整数值时引发
System.IndexOutOfRangeException	数组越界。在试图使用小于零或超出数组界限的下标索引数组时引发
System.InvalidCastException	类型转换失败。当从基类型或接口到派生类型的显式转换在运行时失败时，就会引发此异常
System.NullReferenceException	空值引用。在需要使用引用对象的场合，如果使用 null 引用，就会引发此异常
System.OutOfMemoryException	内存不足。在分配内存（通过 new）的尝试失败时引发
System.OverflowException	内存溢出，指定空间不足。在检查上下文中的算术运算溢出时引发
System.StackOverflowException	死循环。当执行堆栈由于保存了太多挂起的方法调用而耗尽时，就会引发此异常；这通常表明存在非常深或无限的递归
System.TypeInitializationException	缺少 catch 子句。在静态构造函数引发异常并且没有可以捕捉到它的 catch 子句时引发

异常发生时，程序会崩溃，处理异常并不是不让异常发生，而是预先设计好当异常发生时的处理办法，让程序从出现异常的代码中跳出，回到正常的执行轨道，并根据需要给出适当的提示。处理异常的基本语法如下：

```
try
        {
              可能产生异常的语句系列
        }
        catch
```

```
                {
                    捕获异常,产生异常后的处理语句(可以省略,表示不处理异常)
                }
                finally
        {
            后续处理工作,无论是否有异常产生,都需执行的语句(可以省略)
        }
```

以上结构中，catch 与 finally 不能同时省略，至少需要保留一个。最常用的是 try…catch…结构。

抛出异常：

throw new MyException（自定义文字说明）

其中 MyException 是自定义的异常名，自定义文字内容可以为空。

任务步骤

将打开数据库的代码放入 try 语句中，用 catch 功能实现提示，代码修改如下：

```
private bool LoginSucc(string username, string password)
  {
      SqlConnection conn = new SqlConnection("Data Source=.\\
                          SQLEXPRESS;Initial Catalog=student;
                          Integrated Security=True");
      try
      {
         conn.Open( );
      }
      catch
      {
         MessageBox.Show("打开数据库错误,请先配置数据源。",
             "出错啦",
             MessageBoxButtons.OK,
             MessageBoxIcon.Error
             );
         return false;
      }
         …
  }
```

弹框提示后，一定不能缺少 return false 语句，否则，程序还会继续向下执行，产生新的异常，测试结果如图 4-5 所示。

图 4-5　提示数据库配置错误

任务总结

本任务实现了在可能出现异常的语句中添加异常捕获语句，避免程序因为异常而崩溃。产生异常并不全是坏事，某些情况下，还能利用异常完成复杂的判断工作。

任务 4-2 异常的利用——判断日期是否合法

任务分析

项目开发中，经常要求用户输入日期，需要对日期进行有效性判断，日期有效性判断有两个难点：①日期格式问题，日期的表示法繁多，哪种格式合法，哪种格式不合法，难以用一个标准判定；②日期规范要求严格，大月小月的区别、平年闰年的计算等。如果自己编程判断日期的合法性，是一项非常庞大的工程。

异常的利用

扫码观看视频

必备知识

C#提供了将字符串转换成日期的方法，同时，转换无效的日期时会抛出异常。利用这一点，试着将字符串转换成日期，如果无异常，表示字符串是一个合法的日期，否则，表示字符串是一个不合法的日期。

任务步骤

编写一个函数，用于判断日期字符串是否合法：

```
public bool DateValid(string date)
{
    try
    {
        DateTime d = DateTime.Parse(date);    //试着将输入的字符串转换成日期
        return true;                          //如果成功,则返回真
    }
    catch
    {
        return false;                         //出现异常则返回假
    }
}
```

任务总结

利用异常机制，对日期或其他比较复杂的数据类型进行判定时，可以巧妙地避免繁复的判断代码。将字符串转换成日期一般有两种方法，本任务使用的是DateTime对象的Parse( )方法，还可以使用 Convert.ToDateTime( )方法实现。

任务 4-3 开发一个处理身份证号码的类

任务分析

身份证是我国每个公民都具有的唯一身份 ID，从 20 世纪 80 年代实行身份证制度以来，身份证号进行了两次升级。最初的身份证是 15 位纯数字，地域占 6 位，生日占 6 位，省略了年份的 19，后 3 位是顺序号，这类身份证号码判断正误主要看两部分，一是前 6 位代表的省市县（区）必须与相应的表格对照方可判断真伪；二是出生年月日，要符合日期格式方才有效。后来考虑到 2000 年以后出生的人的身份证的问题，不能再省略年份前面的两位数了，否则 2000 年出生的人可能与 1900 年出生的人的身份证号码相同，这类身份证号共 17 位，也是纯数字。后来身份证升级为第二代，规定身份证号统一采用 18 位，在原 17 位的基础上增加了一位验证码，验证码共 11 个，0～9 这 10 个数字加上一个 X 字母，代表罗马数字 10，验证规则见后面说明。

必备知识

我国的身份证制度从 20 世纪 80 年代开始实施，第一代身份证采用 15 位数字编码，前 6 位为省市省（区）编码，中间 6 位为出生日期，年用两位表示，最后 3 位是顺序号，但最后一位区别男女，男性用奇数（1、3、5、7、9），女性用偶数（0、2、4、6、8），没有校验位。

当 2000 年以后的人出生后，15 位号码不够用了，因为 2000 年出生的人可能与 1900 年出的人身份证号码相同，因此，将年份改为 4 位，总位数上升到 17 位，17 位身份证还是没有校验码，使用时间也不长。

后来对身份证进行了升级，称为二代身份证，统一采用 18 位编码，前 17 位为纯数字，与一代定义相同，最后一位为校验码，校验码共 11 个，包括 0～9 这 10 个数字和罗马数字 X（表示 10），用拉丁字母 X 表示。

例如：

4 4 0 3 0 1 1 9 9 7 0 1 0 1 0 0 3 X

共分为 8 个部分：

44 表示广东省

03 表示深圳市

01 表示市辖区

1997 表示出生年份

01 表示出生月份

01 表示出生日

003 表示顺序号

X 表示校验码（不一定真实）

验证规则：

1）将前面的身份证号码 17 位数分别乘以不同的系数。从第 1 位到第 17 位的系数分别为：7、9、10、5、8、4、2、1、6、3、7、9、10、5、8、4、2。

2）将这 17 位数字和系数相乘的结果相加。

3）用加出来的和除以 11，得到余数。

4）余数只可能有 0、1、2、3、4、5、6、7、8、9、10 这 11 个数字。其分别对应的最后一位身份证的号码为 1、0、X、9、8、7、6、5、4、3、2。

验证身份证的要点：

1）省、市、区（县）的 6 位编码是有严格规定的，但如果需要判断真伪必须借助对数据的统计分析（如数据库技术支持），这里只验证纯数字。

2）出生日期的 8 位编码是必须验证的。

3）第 17 位编码是性别识别码，奇数为男，偶数为女，如果与性别同时验证，可以判断真伪。

4）最后一位是验证码，是验证的重点。

任务步骤

01 添加一个类文件

在项目中添加新项，选择“类”选项，命名为 IDCard.cs，如图 4-6 所示，单击“添加”按钮。

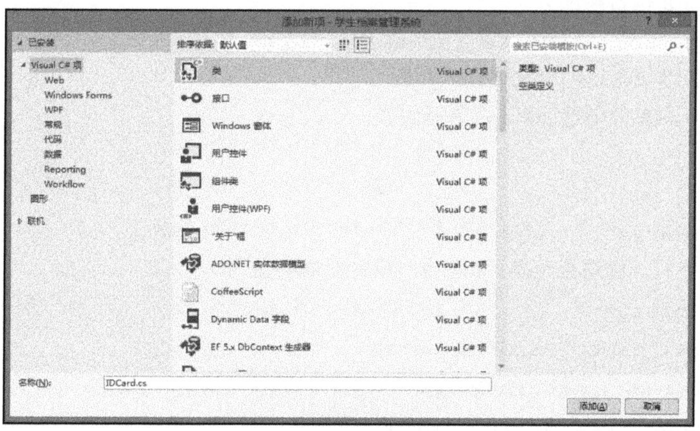

图 4-6 添加一个新类

生成类文件，并初始化部分代码，如图 4-7 所示。

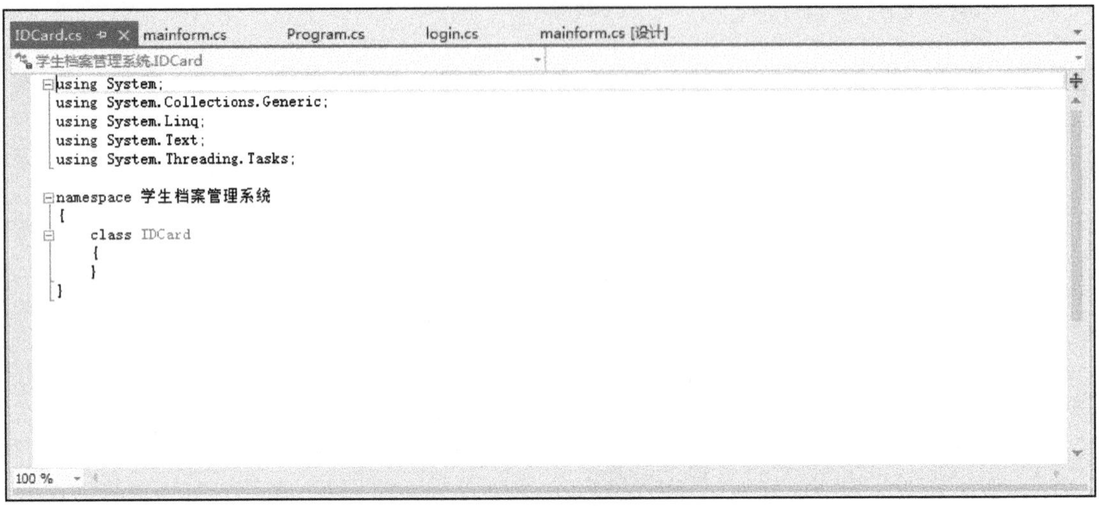

图 4-7　新建类的初始代码

02 编写代码

新建一个函数，命名为 CardValid，返回值为 true 或 false 的布尔型数据。

```
/// <summary>
/// 导出函数,用于判断身份证号码是否合法
/// </summary>
/// <param name="card"></param>
/// <returns></returns>
public bool CardValid(string card)
{
    if (card.Length != 18)
        return false;
    string birth = card.Substring(6, 8);
    //取出 8 位日期部分
    return Ecc(card) && IsDate(birth);
    //检验结果与日期合法性同时判断
    //两者均有效则返回真,否则返回假
}

/// <summary>
/// 校验最后一位是否正确,私有访问只针对本类使用
/// </summary>
/// <param name="card"></param>
/// <returns></returns>
private bool Ecc(string card)
{
```

```
        int[] w = {7, 9, 10, 5, 8, 4, 2, 1, 6, 3, 7, 9, 10, 5, 8, 4, 2 };
        int sum = 0;
        for (int i = 0; i < 17; i++)         //17 位数字与权值对应相乘再相加
        {
            int c = card[i] - '0';           //字符转换为整数
            if (c > 9 || c < 0)              //超过范围则表示不是数字
                return false;
            sum += c * w[i];                 //相乘求和
        }
        string e = "10X98765432";            //校验码
        if (e[sum % 11] == card[17])
            //判断除 11 的余数所对应的校验码是否与最后一位相同
            return true;
        return false;

    }

    /// <summary>
    /// 判断生日是否合法,私有访问只针对本类使用
    /// </summary>
    /// <param name="birth"></param>
    /// <returns></returns>
    private bool IsDate(string birth)
    {
        string b = birth.Substring(0, 4) + "-";
        b += birth.Substring(4, 2) + "-" + birth.Substring(6, 2);
        //加上日期分节符"-"
        try //利用系统异常判断日期是否正确
        {
            DateTime d = DateTime.Parse(b);
            return true;
        }
        catch
        {
            return false;
        }
    }
```

【知识引申】 C#中使用 finally 关键词允许程序在发生异常后继续执行后面的代码，是一项其他很多结构化高级语言所不具备的功能，它可以忽略一些错误而保持程序执行的完整性，应好好利用这一功能。

任务总结

身份证号码验证是一项重要工作，很多系统中都需要使用到，这里只是做到了生日与校验码的验证，如果需要对出生地进行验证，则需要数据库的支持，如果需要对姓名甚至照片进行验证，则必须利用公安部的数据库接口。

本任务通过一个验证身份证号码有效性的实例训练编程技能，读者应该认真分析这个实例，做到举一反三，实现性别的校验与身份证号的生成等功能。

【逻辑错误的处理方法】 与异常不同，逻辑错误是无法预知的，因此，出现逻辑错误后，首先想到的应该是一步一步跟踪程序执行，找出错误。幸运的是，VS 带有非常方便的单步跟踪调试功能，使用也很简单。

调试之前，先在程序中设置断点，断点其实就是在程序特定行上做一个标记，设置断点有两种方式：第一种方法是在要调试的代码行前面单击鼠标左键，当前面出现一个红色圆点时，表示断点设置成功，再单击一次，就能取消断点，程序中可以设置多个断点，相互无干扰，设置效果如图 4-8 所示。

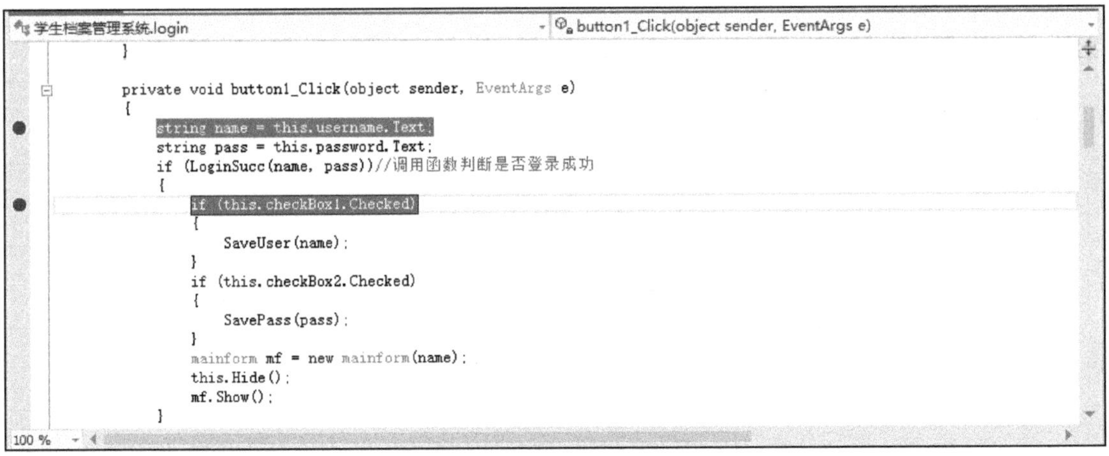

图 4-8　在程序中设置断点

另一种设置断点的方式是，在代码窗口右击，选择“运行到光标处”命令，如图 4-9 所示，此时在代码光标处设置了断点，一旦程序执行到这一行，则会暂停。

使用这种方式设置断点一次只能设置一个，并且设置后立即启动程序，当代码执行到断点处时就会暂停。设置好断点后，启动程序，如果运行到断点处，也会停止在断点行，等待用户处理（注意：断点标记行的代码还未执行），左侧黄色箭头以及加了黄色背景的代码表示是下一步将要执行的代码，如图 4-10 所示。因为该断点在“登录”按钮代码中，因此需要单击“登录”按钮才能激发该断点。

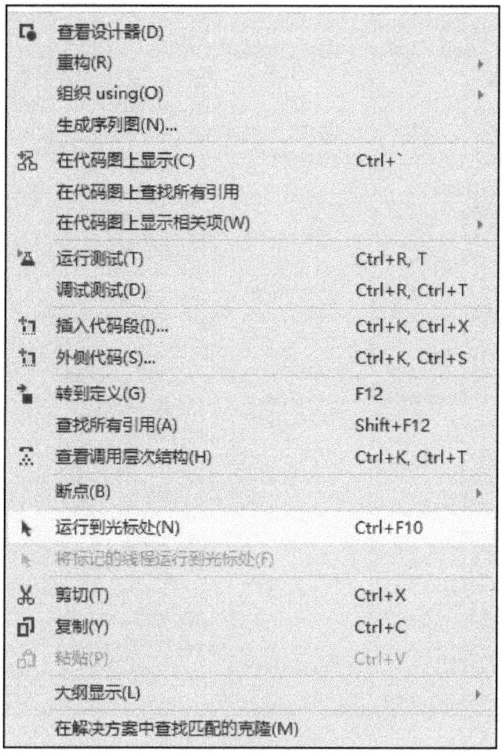

图 4-9 直接在代码行设置断点

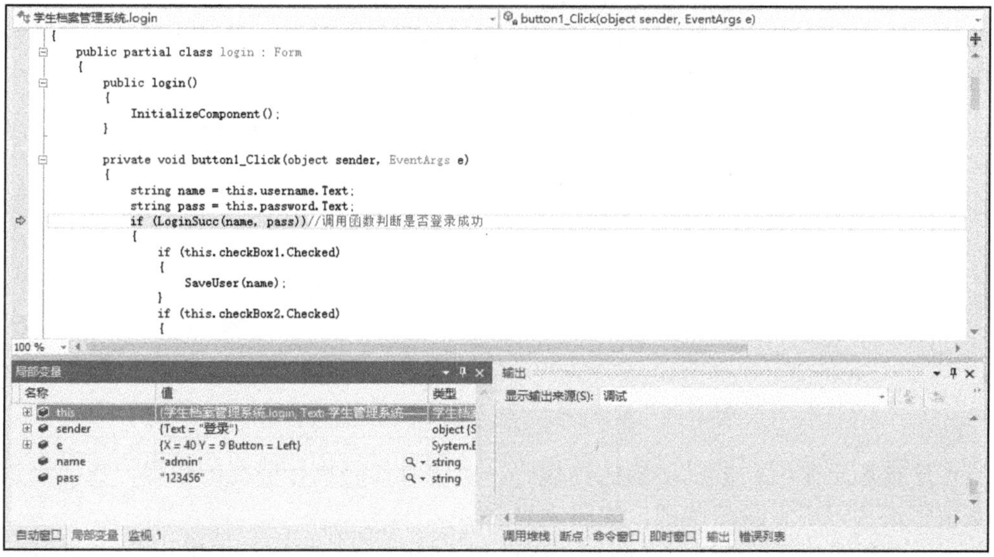

图 4-10 程序进入调试状态

调试状态主窗口分为三部分，上面部分是源程序，下面部分分为两栏，左边显示各变量的值和状态，右边显示堆栈、断点等信息。需要重点关注的是源代码部分和变量监视部分，如果没有出现“局部变量”与“自动窗口”选项卡，可以从“调试”菜单中激活，如图 4-11 所示。

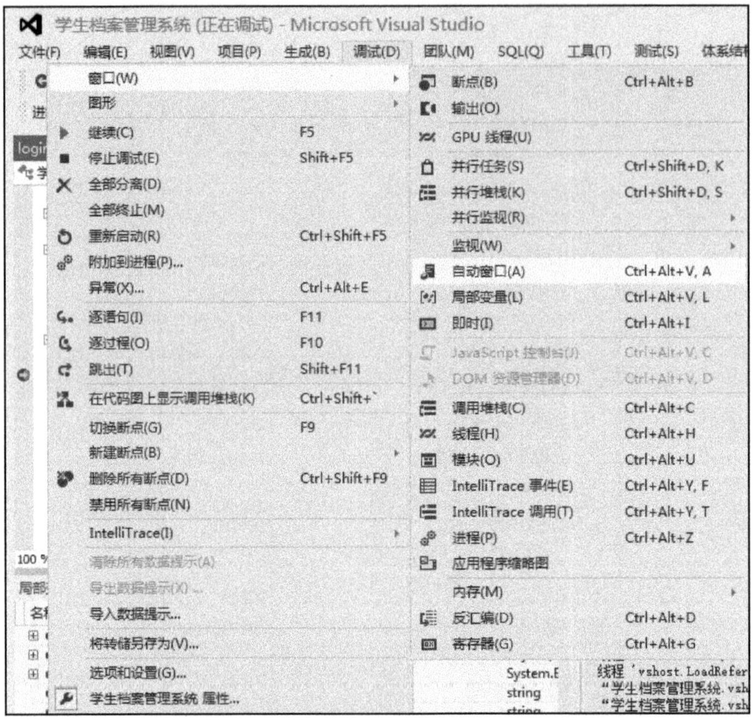

图 4-11　激活调试时的“局部变量”与“自动窗口”选项卡

进入调试状态后，在“局部变量”选项卡中可以监测变量的赋值情况，刚刚改变的值用红色显示。如果“局部变量”选项卡中没有出现想要的变量，还可以切换到“监视 1”选项卡，自行添加需要监视的变量或对象，如图 4-12 所示。

图 4-12　在“监视 1”选项卡中添加监视内容

当程序被断下来后，可以单步执行代码，实现对代码执行情况的跟踪，在“调试”菜单中有很多选项可用于跟踪调试，如图 4-11 所示。

这里，最重要的是，逐语句（F11）、逐过程（F10）、继续（F5）、停止调试（Shift+F5）、跳出（Shift+F1）与重新启动（Ctrl+Shift+F5）这几个功能，括号标识的是热键，用得最多的是 F10 键与 F11 键。逐语句（F11）与逐过程（F10）的区别在于遇到函数时的处理方式不同，逐过程的调试方式遇到函数时，直接执行完函数，进入下一句开始执行，而逐语句调试方式会跟踪到函数内部监视执行过程，当调用的是系统函数时，跟踪进去作为不大，单步调试时需要注意，如果误跟踪到了函数中，可以使用 Shift+F11 键跳出。

当调试进入到如图 4-10 所示的位置时（此时 LoginSucc( )函数还没有开始执行），如果按 F10 键进行逐过程调试，会进入如图 4-13 所示的状态，如果按 F11 键进行逐语句调试，则会进入如图 4-14 所示的状态。可以看出，逐过程调试时，直接执行完 LoginSucc( )函数，根据结果选择将要执行的语句；而逐语句调试时，会跟踪到 LoginSucc( )函数中继续调试。

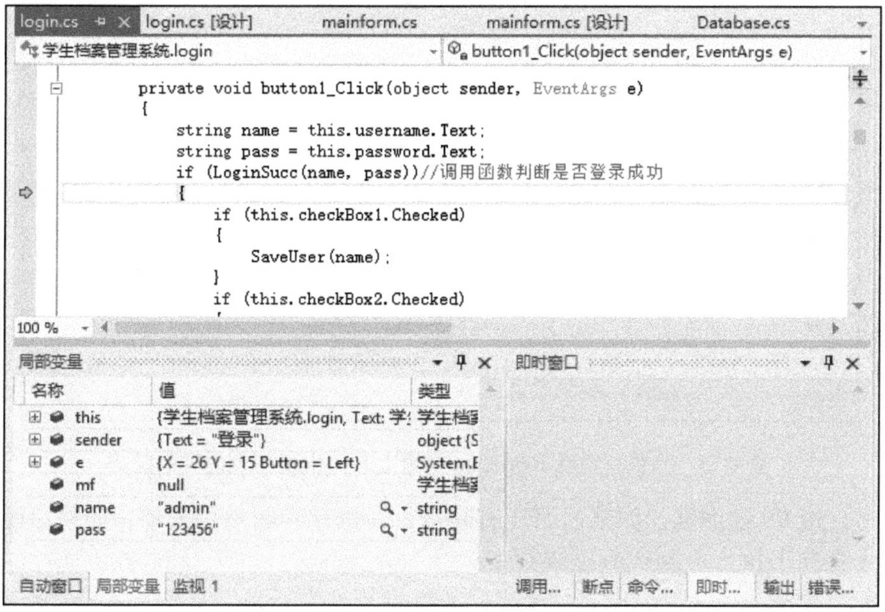

图 4-13 逐过程调试结果

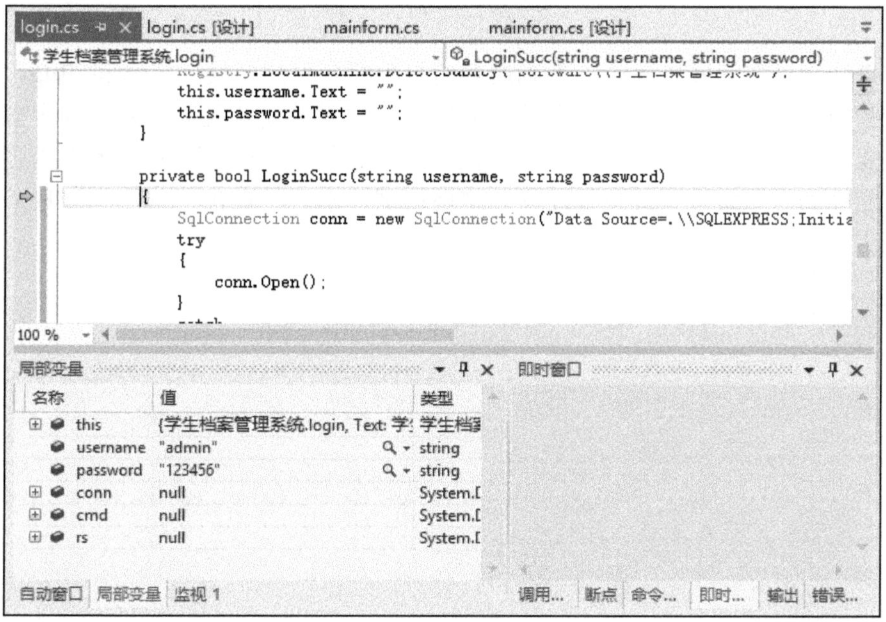

图 4-14 逐语句调试结果

调试过程中，还可以将鼠标放到变量上，自动感应变量值，如图 4-15 所示。

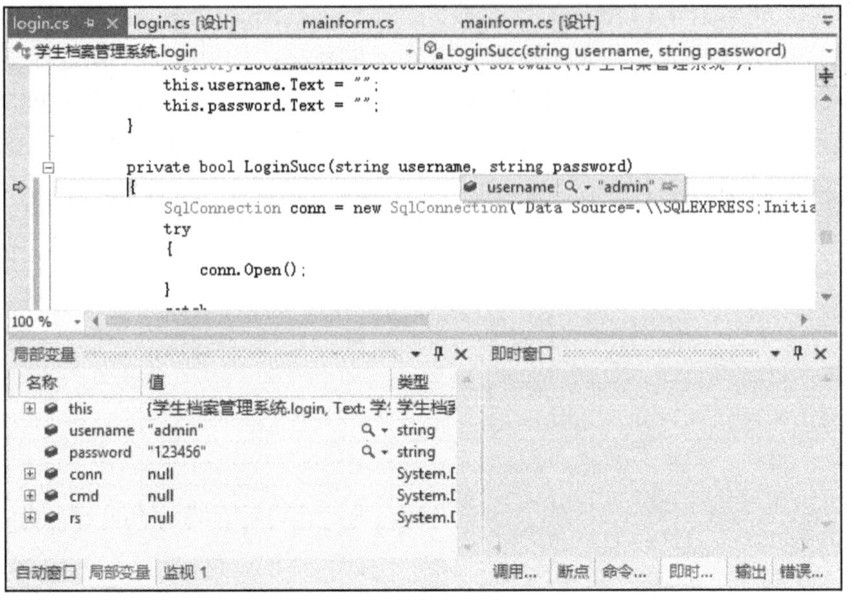

图 4-15　当鼠标放到 username 变量上时，出现变量内容的提醒

调试时，按 F5 键继续，如果后面还有断点，则执行到断点处暂停，如果后面没有设置断点，则一直向下执行直到代码模块结束。

单 元 小 结

程序设计人员在开发过程中，遇到最多的是各式各样的错误、异常和 Bug，快速准确地解决这些问题是程序设计人员必备的专业知识。异常的捕获既可以防止程序崩溃也可以利用异常处理一些较复杂的判断工作。本单元的重点是学会调试程序，VS 开发工具调试非常方便，能够动态跟踪程序的执行过程，掌握调试技术，是查找和修复各类 Bug 的前提。

5

单元5 完善登录验证功能

单元导读

1. 程序错误包括哪几类
2. 什么是编辑错误，如何解决
3. 什么是异常，如何处理
4. 什么是软件Bug，如何应对软件Bug

技能目标

1. 会设置断点调试程序
2. 掌握异常的捕获及处理方法
3. 利用异常做数据格式的判断

任务内容

1. 捕获并处理异常
2. 合理利用异常

单元重点

1. 了解各类加密算法
2. 理解C#实现MD5加密的一般方法
3. 加密后的登录密码验证方法
4. SQL注入攻击及安全防护

任务 5-1 完善登录验证功能

任务分析

前面几个单元已经完成了登录验证功能，为什么还需要完善呢？还存在一个行业规范问题——密码不允许采用明码存储。密码既然属于保密内容，是不能轻易让别人知道其真面目的，需要加密存储。本任务的目的是将登录密码实行加密存储，并防范最常见的SQL注入攻击。

加密存储及验证密码

扫码观看视频

必备知识

1．加密算法

所谓的加密，就是将一段有意义的文字（明码）转换成无意义的乱码（密码），这种转换方法称为加密算法，用于密码验证的加密算法并不要求能将其解密（将密码还原成明码），有专门的加密算法用于验证密码，一般称为散列（Hash）加密，常用的算法有MD5与SHA，这两个加密算法有一些共同的特征：①非可逆加密；②结果定长。非可逆是指加密后的密码无法还原成明码；定长是指无论明码多长，加密后的密码长度是一定的，其中MD5算法加密后长度为128位（32个十六进制数，通常用32个字节存储），SHA加密后一般采用40个十六进制字节存储。

2．验证方法

存入数据库的不是密码明文，因此，不能直接使用用户输入的密码与数据库中的密码进行比较，而需要加密后比较，也就是用密码进行比较。

任务步骤

01 修改数据表结构

根据不同加密算法，生成的密码长度不同，这里采用MD5加密，将密码存储字段改为32位长度，因生成的结果全是ASCII码，采用char类型即可。修改结果如图5-1所示。

保存结果时可能出现如图5-2所示的错误。

解决方案是在数据库管理系统中打开“工具”菜单，选择“选项”命令，弹出“选项”对话框，如图5-3所示，选择左边的“设计器”选项，在右边的“表选项”区域中取消勾选“阻止保存要求重新创建表的更改”复选框，然后单击“确定”按钮。

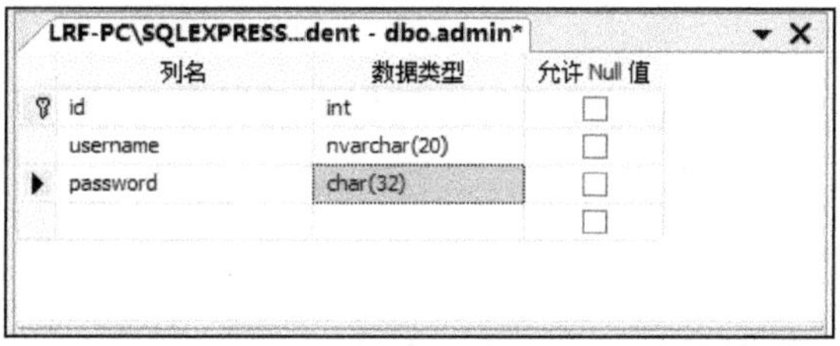

图 5-1　密码存储数据表

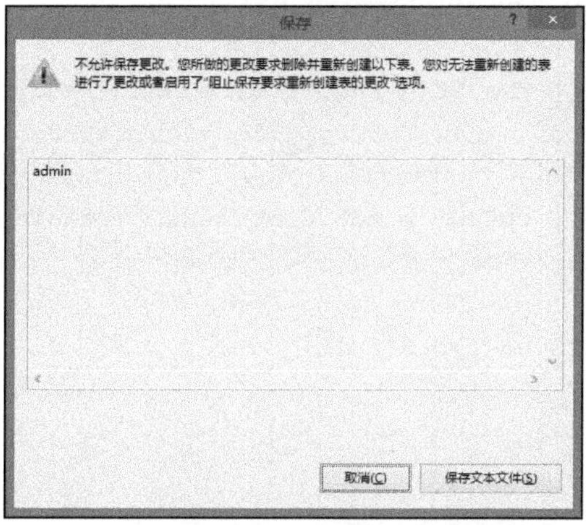

图 5-2　修改数据表结构时的错误提醒

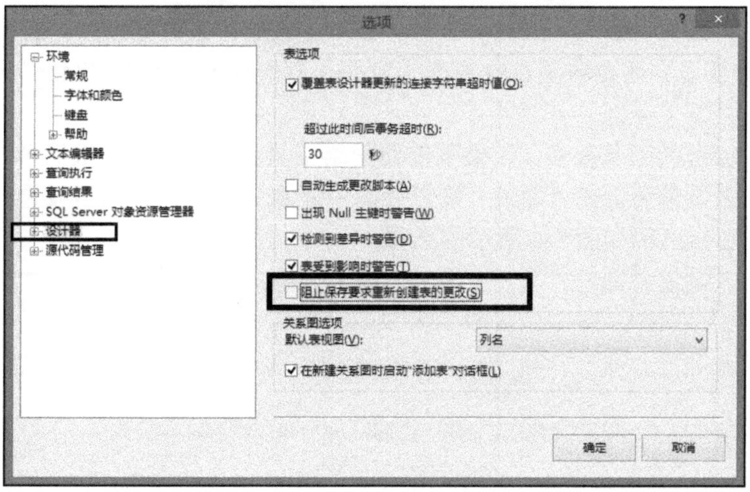

图 5-3　修改表选项

02 编程实现 MD5 加密算法

加密算法除了登录中需要使用外，修改密码时还需要使用，根据软件开发的 DRY 原则，需要将这个函数封装到类中，便于调用。因为某些字符串的处理与过滤也需要调用类的封装，因此，建议新建一个类，专门用于处理字符串。

添加一个类，命名为 Safestring（安全字符串），添加 MD5 函数，代码如下：

```
using System;
```

```
using System.Text;
using System.Security.Cryptography;

namespace 学生档案管理系统
{
    class Safestring
    {
        public string MD5(string pass)
        {
            byte[] result = Encoding.Default.GetBytes(pass);
            MD5 md5 = new MD5CryptoServiceProvider( );
            //需要引入 System.Security.Cryptography 命名空间
            byte[] output = md5.ComputeHash(result);
            string encryptResult = BitConverter.ToString(output).Replace
                                 ("-", "");
            return encryptResult;
        }
    }
}
```

以上代码会用即可，不需要深究原理，也不需要记忆。

03 生成初始值

测试用户 admin 使用的密码 123456 是以明码方式保存在数据库的，当使用密码认证后，明码已经不能使用了，需要将测试数据改为密码保存，如何得到“123456”的 MD5 加密后的密码值呢？

标准 MD5 加密的工具很多，如果不借助网络工具，自己计算也很简单，只需要调用上面编写的 MD5 函数即可。在“登录”按钮代码中添加计算代码，然后设置一个断点，单击“登录”按钮，则会出现如图 5-4 所示的结果。

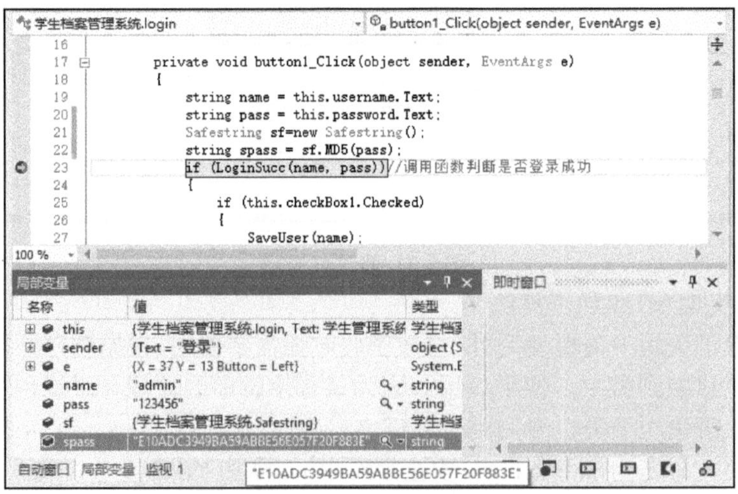

图 5-4 通过断点得到计算结果

下面的 spass 变量的结果就是 123456 经过 MD5 加密后的结果，将其复制到数据库中并保存，就完成了原始测试数据的生成工作，如图 5-5 所示。

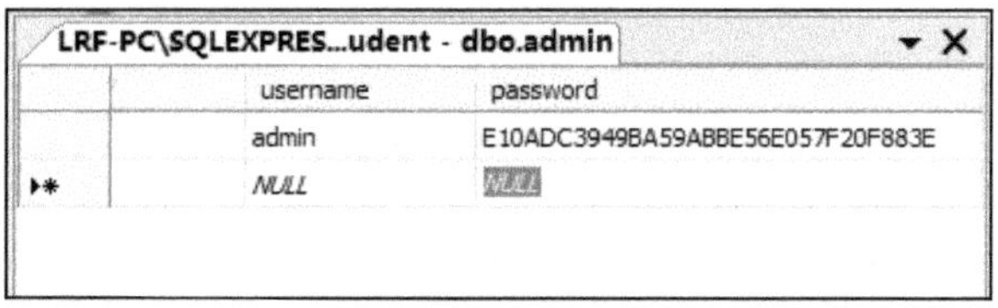

图 5-5　修改数据库中管理员表中的内容

04 修改密码验证代码

既然得到了输入密码的 MD5 值，数据库中存放的也是 MD5 值，两者如果相同，就认为密码是正确的，因此，只需要在调用 LoginSucc( )函数时传递加密后的密码值即可，修改代码如下：

```
private void button1_Click(object sender, EventArgs e)
{
    string name = this.username.Text;
    string pass = this.password.Text;
    Safestring sf = ew Safestring( );
    string spass = sf.MD5(pass);
    if (LoginSucc(name, spass))//调用函数判断是否登录成功
    {
     …
    }
    else
    {
     …
    }
}
```

05 修改验证函数的数据库访问方式

通过单元 3 的学习，已经对数据库的访问进行了一个简单的封装，类名为 Database，通过调用这个类，会使代码大大简化，修改后的登录验证代码如下：

```
private bool LoginSucc(string username, string password)
{
    Database db = new Database( );
    SqlDataReader rs = db.GetDataReader("select count(*) from
                       [admin] where username='" + username +
                       "' and password='" + password + "'");
    if (rs.Read( ))
    {
        if (rs.GetInt32(0) > 0)
        {
```

```
            db.Close( );
            return true;
        }
    }
    db.Close( );
    return false;
}
```

以上代码中，加粗部分是修改过的内容，将原来直接打开数据库的方法改成了调用类的方法。

任务总结

本任务完成了在以前的基础上实现加密存储密码与验证密码的功能，总结如下。

1）理解非可逆加密算法，并投入使用。

2）掌握登录密码验证的一般方法。

3）训练使用模块化编程的技术。

任务 5-2 SQL 注入与安全防范*

1．理解找回密码的问题

非可逆加密的验证过程并不要求也不能将存储的密文换成明文，而是将用户输入的密码加密后与存储的密文对照比较，从而验证输入是否正确，这就是为什么网上系统只能重置密码，不能找回密码的原因。

2．密码加密存储的安全问题

前面实例中，已经考虑到将密码采用 MD5 加密以后进行存储，但在实际应用中，若用户表泄漏，即使密码是采用 MD5 或 SHA 加密存储，也同样存在着极大的危险，因为这种非可逆加密理论上已经可以破解，但这还不是最关键的原因，那么最严重的安全风险是什么呢？

无论是 MD5 加密还是 SHA 加密，相同的明码字符串加密后的密码串一定相同，这样，黑客就很容易构造一个密码字典，将常用密码的明文和密文建立一个二维关系表，这个关系是一一对应的，黑客很容易从这个表中查得密文所对应的明文，从而可以非法入侵系统，这种方法通常称为“字典攻击”。作为一名程序员，必须有意识地防范字典攻击，一般通过两种方案解决：一种是密码强度，后面将有所介绍；另一种方案是伪随机加密技术。

所谓伪随机加密技术是指在原来加密算法上稍加修改，引入随机数对密码进行加扰，这个加扰是有规律可循的，并不是真正的随机，因此称为伪随机数。下面以 Serv_U 采用的加密方式对伪随机数加密进行简单介绍。

Serv_U 采用的加密方案分以下几步完成。

1）生成两个随机的小写字母。

注：任务 5-2 为选修内容。

2）将两个随机字母加在用户设置的密码前面，构成加密明文，例如，如果生成随机字母是“dq”，用户密码设置是 123456，则加密明文就成了“dq123456”。

3）对生成的新明文进行 MD5 加密，得到 32 个字节的密文。

4）再将前面生成的两个随机小写字母放在密文前面，得到一个 34 个字节的密文，存储在数据库中。

采用伪随机加密后，两个用户即使同样使用“123456”作为密码，但由于生成的两个随机字母不同，从而使得存储于数据库中的密文也不相同，这种方案能有效地防止“字典攻击”。

伪随机密码验证时，对用户存储于数据库中的密文前两位加上输入的密码进行 MD5 加密后，将结果与存储于数据库中的结果进行比较，以判断输入是否正确，Serv_U 采用的伪随机加密算法如下：

```
public string MyMD5(string pass)
{
    string str= "abcdefghijklmnopqrstuvwxyz";
    //生成一个字符串,用于随机选取字符
    Random rd = new Random( );                          //生成一个随机数对象
    string s = str[rd.Next(26)].ToString( );      //取第一个值
    s += str[rd.Next(26)].ToString( );            //取第二个值
    return s + MD5(s + pass);                          //返回结果
}
```

Random 是 C#中用于产生一个随机数的对象，产生随机整数通过调用该对象的 Next( ) 方法实现，该方法有 3 个重载，带一个参数表示生成一个小于参数的非负整数，有集合的方式表示就是[0,x)。需要注意的是，字符串本身就是字符数组，因此，可以直接把 str 当作数组使用，只要不越界即可。

3．密码强度问题

用户身份认证是软件安全操作最重要的一环，用户密码的设置就显得至关重要，密码验证面临的最大威胁是“穷举攻击”法，所谓穷举攻击，是指非法用户通过“猜”的方式，逐个测试可能的密码，通过多次的猜测，最终达到窃取用户密码的目的，穷举法的成功率主要取决于密码复杂度和计算机的运算速度，计算机运算速度难以控制，但可以通过加强密码的强度来提高对穷举的抵御能力。

密码强度一般从 3 个方面考虑：①密码长度；②构成密码的字符种类；③密码规律性。

密码长度很容易理解，密码越长，被猜中的难度越大，相应也就越安全。

构成密码的字符包括数字、小写字母、大写字母和符号 4 类，一般认为长度足够的密码如果只包含一类字符，强度为“弱”，包含两类字符，强度为“中”，包含 3 类以上字符，强度为“强”。

具有规律性的密码的强度是不够的，例如，与用户名相同、顺序字母、常见单词（国外软件比较重视）等。密码规律性是比较难界定的，只有在安全性要求非常高的系统中才会考虑密码的规律性问题。有趣的是，Windows 操作系统会把非常有规律的字符串 ABCabc123 当作强密码。

4．SQL 语句安全

（1）SQL 注入攻击

C#访问数据库时，语法实际上包括两类：一类是 C#处理程序，另一类是 T-SQL 查询语句，这两类语法其实是独立的，C#根据程序的需要构造成完整 SQL 语句，再交给数据库处理，这样就可能生成不安全的 SQL 语句，黑客会利用这一特点构造特殊的 SQL 语句，导致数据库返回错误的结果，甚至增加数据或破坏数据库完整性，这种恶意使用称为 SQL 注入攻击。

例如，若构造如下字符串，则可以绕过登录密码验证：

```
select * from admin where username='admin' or '1'='1' and password='123' or '1'='1'
```

此时，只要在“用户名”文本框中输入 admin' or '1'='1（注意：前后两个单引号由系统生成，不需要输入）；同样在“密码”文本框中输入 123 'or '1'='1，用户名和密码验证之间的 and 是系统生成的。

这种注入攻击对密码加密处理的登录程序是无效的。如果密码进行了加密处理，无法直接将 123 'or '1'='1 传递给数据库处理，但还是可以使用 SQL 的注释符跳过认证，例如：

```
select * from admin where username='admin'-- and password=''
```

这里的两个“-”在 SQLServer 中表示注释，后面语句不再进行处理，因此，只要“猜”中系统中的用户名，就能绕过密码验证进入系统。

此时，只需要在“用户名”文本框中输入 admin'--，“密码”文本框中任意输入即可登录成功。

对于使用 count（*）统计方法进行验证的 SQL 语句，在不知道用户名的情况下，同样可以绕过验证机制，成功实现登录，只需构造如下字符串即可：

```
select count(*) from admin where username='admin' union select 1 from admin order by 1 desc--'and password='aaa'
```

其中 admin' union select 1 from admin order by 1 desc--是在“用户名”文本框中输入的内容，密码任意输入，因为后面代码都被注释了，已经没有任何实际意义。

（2）安全字符串过滤

T-SQL 语法中的单引号是一个特殊符号，既是字符串的标志符，又是转义标识符（相当于 C 系列语言中的“\”），对用户输入的“'”应该进行特殊处理，但开发人员不可能要求用户禁止使用单引号，处理方案是使用转义字符，将输入的一个单引号替换成两个单引号，例如：

```
sql.Replace("'","''");
```

T-SQL 中将两个单引号作为一个普通的单引号字符处理，这样就可以预防大多数 SQL 注入攻击。

在实际应用中，标准 SQL 关键字一般都要求过滤，特别是 update、delete、union、create、

drop 等，另外，对用户的输入需要进行长度限制，以防止复杂的注入代码。

对外开放的系统，特别是公众网站，SQL 注入一直是最严重的安全漏洞之一，作为一名程序员，一定要有这种安全意识，形成良好的安全代码习惯。

更多的 SQL 注入以及防范方式，请查阅相关技术资料。

单 元 小 结

安全性在软件开发中是非常重要的一部分，但往往被开发人员所忽视，作为一名程序员，一开始就应该具有相应的安全意识。SQL 注入攻击、字典密码攻击和穷举攻击是黑客最常用的几种攻击方式，程序员应该对此有所了解，并掌握必备的防范意识，做实际项目开发时，这些都是必须考虑的。本单元只是简单介绍了各种攻击的产生原理及防范措施，但要想真正做到软件无懈可击，还需要软件开发人员做进一步深入的研究。

6

单元 6　完成学生档案管理功能

单元导读

1. 数据库的插入与修改操作
2. DataGridView控件使用与事件重载
3. 数据库安全与异常
4. “打开”与“另存为”对话框的使用
5. Excel表格的导出与导入

技能目标

1. 编程实现数据库插入与修改操作
2. 灵活运用DataGridView显示数据
3. 会用异常捕获，防止程序异常
4. 会使用Windows标准“打开”与“另存为”对话框
5. 掌握Excel写入与读取方法及流程

任务内容

1. 设置班级信息，并防止数据库异常
2. 录入档案信息
3. 通过Excel导入档案数据

单元重点

1. 数据库插入与修改操作
2. DataGridView 控件使用与事件编写
3. 数据库安全与异常
4. “打开”与“另存为”对话框的使用
5. Excel 导入与导出数据的方法

任务 6-1 实现班级管理功能

任务分析

如果一个项目需要对多个班级进行管理，则需要设置班级的一些属性，如年级、专业、班级名称等，本项目为了简单起见，只是针对一个班进行管理，因此班级信息比较简单，只包含班级名与班级说明两项。

实现班级管理功能

扫码观看视频

必备知识

1. 设计数据表

在数据库中建立一个表，用于存储班级基本信息。

2. 插入或修改数据

首先检查表中是否有数据，如果有则加载到页面上，修改后单击“确定”按钮重新保存到数据库中，如果数据库中没有内容，则插入一条新记录。

插入语法：

```
insert into 表(字段1, 字段2, …)values(值1, 值2, …)
```

修改语法：

```
update 表 set 字段1=值1,字段2=值2,…
```

任务步骤

01 新建表

注意表名的问题，因为 class 是一个保留字，因此尽量不要使用 class 作为表名，以免引起不必要的麻烦。

字段设计时，添加一个 id 字段，整型，自动编号；班级名称用于存储中文或英文，定义为 nvarchar（50）；班级说明部分假定不超过 200 个字节，定义为 nvarchar（200）。表命名为 banji，结果如图 6-1 所示。

02 设计窗口界面

在项目中添加新项，选择 Windows 窗体，命名为 banjigl，并对窗口进行布局设计，如

图 6-2 所示。“班级名称”文本框命名为 banji，“班级说明”文本框命名为 shuoming，“确定”按钮命名为 ok，“关闭”按钮命名为 close。

03 编写代码

1）编写窗口加载代码，从数据库中读取一行数据，如果存在，则加载到窗口上，如果不存在，给一个标记变量赋值，便于确定提交时处理数据，代码如下：

```
bool hasdata = false;
//定义一个变量,用于记录是否有数据,初始为false
private void banjigl_Load(object sender, EventArgs e)
{
    Database db = new Database( );
    SqlDataReader rs = db.GetDataReader("select * from banji");
    if (rs.Read( ))
    {
        hasdata = true;
        this.banji.Text = rs.GetString(1);
        this.shuoming.Text = rs.GetString(2);
    }
    db.Close( );
}
```

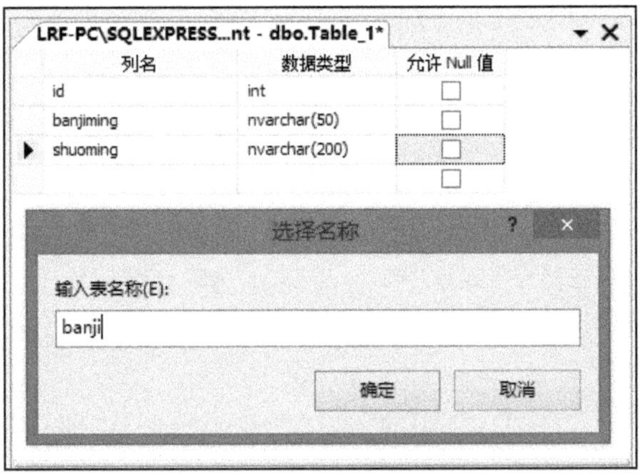

图 6-1 设计“班级”表

两个控件名分别是 banji 与 shuoming，如果数据库中 banji 表有数据，分别将该表中的第一个与第二个字段内容赋值给这两个控件的 Text 属性（注意，字段编号从 0 开始，第 0 个字段是 id）。

2）编写“确定”按钮事件代码，双击打开“确定”（ok）按钮代码区域，首先判断表中是否有原始数据，如果有，则使用更新方法（update）修改数据库内容，否则使用新增（insert）方法添加一条数据。

```
private void ok_Click(object sender, EventArgs e)
{
    string sql = "";
```

```
        if (hasdata)
        {
            sql = string.Format("update banji set banjiming='{0}',
                   shuoming='{1}'",
                this.banji.Text, this.shuoming.Text);
        }
        else
        {
            sql = string.Format("insert into banji (banjiming,shuoming)
                  values('{0}','{1}')", this.banji.Text, this.shuoming.Text);
        }
        Database db = new Database( );
        if (db.ExcuteSql(sql) > 0)
        {
            MessageBox.Show("写入数据成功!!", "操作结果",
                MessageBoxButtons.OK,
                MessageBoxIcon.Information);
        }
        else
        {
            MessageBox.Show("写入数据失败,请查证后重试!", "操作结果",
                MessageBoxButtons.OK,
                MessageBoxIcon.Error);
        }
    }
```

以上代码中，构造字符串采用第二种方式，使用 string.Format( )方法，用{0}、{1}、{2}等作为参数赋值，类似于 C 语言中 printf( )函数的构造方式，两种字符串的构造方法都应该掌握，根据自己的习惯，选择一种方法使用。

数据库自动编号的数据无须赋值，系统会自动为它分配一个连续的编号，因此 id 字段不需要赋值。一般不需要担心这个编号不够用，32 位表示最大整数值为 $2^{31}\approx21.4$ 亿，如果换成 64 位整数，这个值会更大。

04 将窗口添加到菜单项中

新生成的窗口如果不作为启动窗口，就必须通过其他程序调用，这里的调用入口是菜单项，操作方法是，双击“班级管理”菜单项，在代码区域进行窗口实例化，并调用 ShowDialog( )方法显示窗口内容。

窗口有两种显示方式：窗口模式与对话框模式，窗口模式也称为非模态窗口，而对话框模式称为模态窗口，两者的区别是，前者可以任意切换到其他窗口进行操作，而后者必须结束本窗口后，才能切换到其他窗口。为了维护良好的执行秩序，子窗口通常使用模态窗口。

C#中，启动非模态窗口使用方法 Show( )，而启动模态窗口使用方法 ShowDialog( )。

05 测试及修改

启动项目，打开“班级管理”窗体，如图 6-2 所示。

输入名称与说明信息，单击“确定”按钮，设置数据成功，如图 6-3 所示。

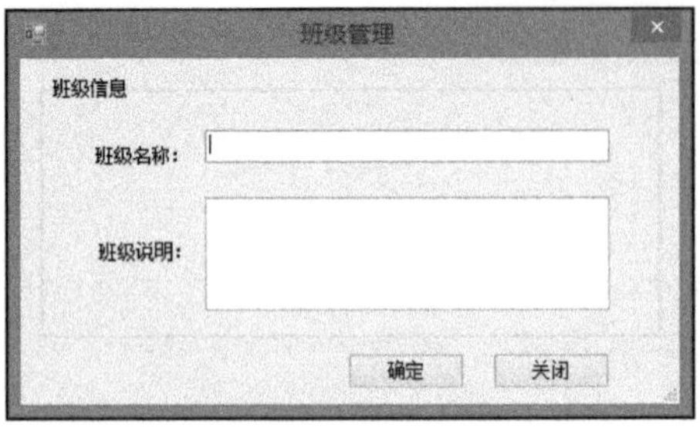

图 6-2 “班级管理”窗体

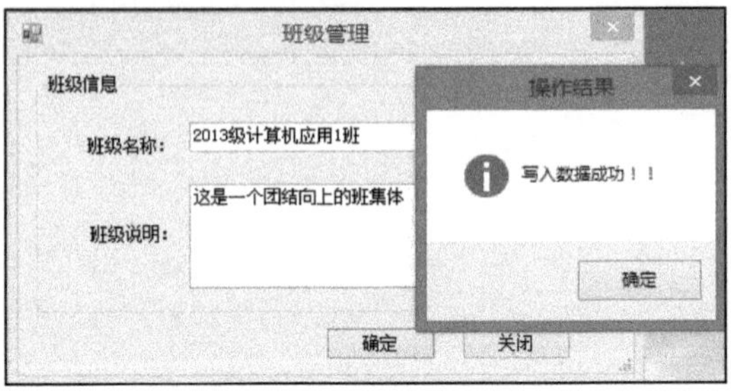

图 6-3 班级管理测试结果

关闭窗口，重新打开，窗口中已经有内容了，现在修改班级名称进行测试，如图 6-4 所示。

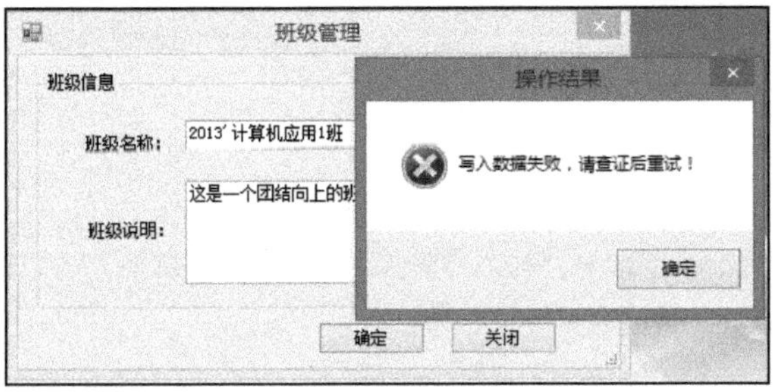

图 6-4 测试特殊符号

出现以上结果说明修改后的数据没有成功写入数据库，程序员如果希望找出写入失败的原因，应该在 Database 类中的 ExcuteSql( )函数中去掉 try… catch…模块，让系统报告详细的错误原因，临时去掉代码时，将其注释掉即可，如图 6-5 所示。

```
…
public int ExcuteSql(string sql)
{
    if (Open())
    {
        //try
        //{
            SqlCommand cmd = new SqlCommand(sql, conn);
            return cmd.ExecuteNonQuery();
        //}
        //catch
        //{
        //    return 0;
        //}
        //finally
        //{
        //    Close();
        //}
    }
    return 0;
}
```

图 6-5 注释代码的方法

修改完成后，再进行调试，出现如图 6-6 所示的异常。

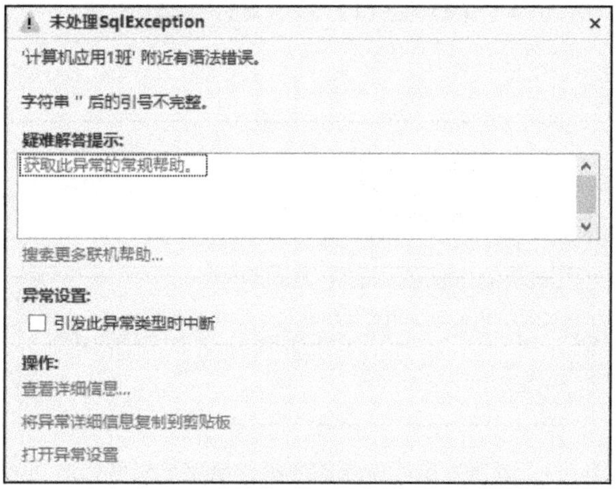

图 6-6　异常提示

异常内容是字符串引号不完整查看 SQL 语句的内容：update banji set banjiming='2013'计算机应用 1 班',shuoming='这是一个团结向上的班集体'，此语句中出现了 5 个用于字符串标识的单引号，无法构成一个完整的 SQL 语句，究其原因，2013 后面的单引号引发了系统异常，解决办法是将这个单引号转义，转义符也是单引号，因此需要把一个单引号换成两个单引号，进行如下修改。

在 Safestring 类中添加 Filter 函数，因为只要涉及数据写入数据库，都需要将单引号进行转换，函数主要代码如下：

```
public string Filter(string str)
{
    str = str.Replace("'", "''");
    return str;
}
```

再修改“确定”按钮代码如下：

```
private void ok_Click(object sender, EventArgs e)
{
    string sql = "";
    Safestring sf = new Safestring( );
    string bj = sf.Filter(this.banji.Text);
    string sm = sf.Filter(this.shuoming.Text);
    if (hasdata)
    {
        sql = string.Format("update banji set banjiming='{0}',
              shuoming='{1}'", bj, sm);
    }
    else
    {
```

```
            sql = string.Format("insert into banji (banjiming,shuoming)
                values('{0}','{1}')", bj, sm);
        }
            …
    }
```

进行以上修改后，再对数据进行测试，就可以成功写入数据库，进一步验证，进入数据库查看原始数据，如图 6-7 所示。

图 6-7　查看数据库中表的内容，确定单引号已经写入

任务总结

本任务功能简单，数据量小，完成难度不大，主要用于熟悉数据库编程方法与过程，但“细节是魔鬼”，程序员必须具有足够的细心和耐心，培养良好的编程习惯。本任务主要知识点总结如下。

1）合理设计数据库字段。

2）构造 SQL 语句字符串。

3）单引号处理。

4）模块化编程思想。

任务 6-2　完成学生档案管理

任务分析

学生完整档案数据量非常庞大，国家统一标准加上地方标准，有超过 50 项数据需要记录，为了简单起见，本任务只选择了一些有代表性的重要属性为例进行功能介绍。学生档案管理包括数据列表显示、添加、修改与删除功能，本任务需要使用 DataGridView 控件。

完成学生档案管理

扫码观看视频

必备知识

本功能需要用表格方式显示班级档案，因此，数据表格的处理是本任务的重点内容。数据表格控件是 DataGridView，DataGridView 控件功能强大，属性众多，可以很灵活地控制表格数据。DataGridView 数据来源分两种：一种是通过数据源绑定数据库的表；另一种是程序自行控制行与列的值，这里主要使用第一种方式，即直接绑定表。

任务步骤

01 设计表结构

选择几个较重要的属性，建立学生档案表，命名为 dangan，表结构如表 6-1 所示。

表 6-1　档案表字段与数据类型设计

字段	字段含义	类型	说明
id	唯一编号	int	标识，自动编号
xinming	姓名	nvarchar（20）	考虑到少数民族，多预留位数
xuehao	学号	varchar（20）	
xingbie	性别	nchar（1）	只有男和女两个值，固定一个字节
shengri	出生日期	date	出生日期，只需要年、月、日
shenfenzheng	身份证号	char（18）	固定 18 位，无中文
dianhua	联系电话	varchar（20）	电话号码，多预留几位以防特殊情况
jiazhangdh	家长电话	varchar（20）	同上
hujidizhi	户籍所在地	nvarchar（100）	
hujileixing	户籍类型	nvarchar（4）	城市、农村与县镇非农
zhuzhi	家庭住址	nvarchar（100）	
zhengzhimm	政治面貌	nchar（2）	团员、党员、其他

02 窗口布局及添加菜单项

新建窗口，命名为 dangangl，在窗口上放置一个 Label 控件，用于显示班级名称，作为窗口内容的标题，放置一个 DataGridView 控件，属性设置如表 6-2 所示。

表 6-2　设置 DataGridView 属性

属性	设置值	说明
AllowUserAddToRows	False	不允许在数据后面留下一个空白行
MultiSelect	False	不允许选择多行，为了对行进行修改
SelectionMode	FullRowSelect	单元格选择一整行，以行为单位操作
ReadOnly	True	不允许修改表格中的数据

布局如图 6-8 所示。

03 编写“班级学生档案表”窗口代码

（1）设置标题行内容

在 Load 事件中设置标题内容，标题是班级名称，需要从数据库中读取，这里使用 DataSet

方式读取数据，代码如下：

```
private void dangangl_Load(object sender, EventArgs e)
{
    Database db=new Database( );
    DataSet ds = db.GetDataSet("select banjiming from banji");
    if (ds.Tables[0].Rows.Count > 0)
    {
      this.label1.Text=ds.Tables[0].Rows[0][0].ToString( )+"档案表";
    }
    else
    {
       this.label1.Text = "未知班级档案表";
    }

}
```

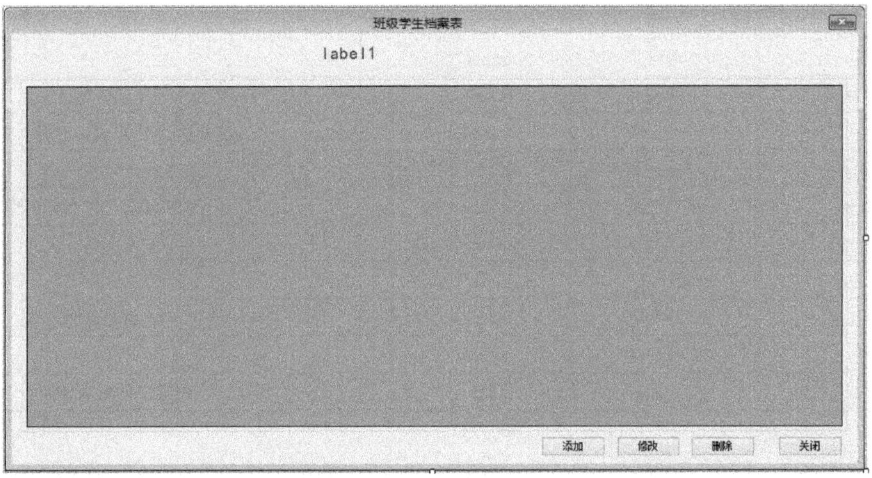

图 6-8 “班级学生档案表”窗口设计

这里使用的 3 个关键词解释如表 6-3 所示。

表 6-3 DataSet 用到的 3 个关键词

关键词	解释
DataSet	数据集，是一个大的数据集合，相当于数据库，可以包含一个或多个表（Table）
Table	表，从 DataSet 的 Tables 属性中读取，Tables 是一个数组，Tables[0]表示这个数组中的第一个 Table，对于单一的 Table，可以将其当作二维数组使用
Rows	行，表中的数据以行列方式组织，Rows[n]中的 n 为整数，表示表中的第 n 行（从 0 开始）。Rows[n][m]中的 n 与 m 为整数，表示表中的第 n 行第 m 列

从 Database 类中读取结果后，首先判断表中是否有数据，如果有，则读出班级名称所在列的值，ds.Tables[0].Rows[0][0].ToString( )表示从数据集中第一个表第一行第一列读取数据并转换成字符串。

（2）绑定数据表 DataGridView 数据源

```
private void dangangl_Load(object sender, EventArgs e)
{
    Database db=new Database( );
    DataSet ds = db.GetDataSet("select banjiming from banji");
    …
    ds = db.GetDataSet("select id, xinming as 姓名, xuehao as 学号, xingbie
as 性别, shengri as 出生日期, shenfenzheng as 身份证, dianhua as 联系电话, jiazhangdh
as 家长电话, hujileixing as 户籍类型, zhengzhimm as 政治面貌, hujidizhi as 户籍所
在地, zhuzhi as 家庭住址 from dangan");
    this.dataGridView1.DataSource = ds.Tables[0];
    this.dataGridView1.Columns[0].Visible = false;
}
```

04 设计“档案编辑”窗口

数据显示功能完成了，但现在还没有档案数据，还需要设置一个添加档案的窗口，在单击“添加”按钮时打开，命名为 danganbj，布局如图 6-9 所示。

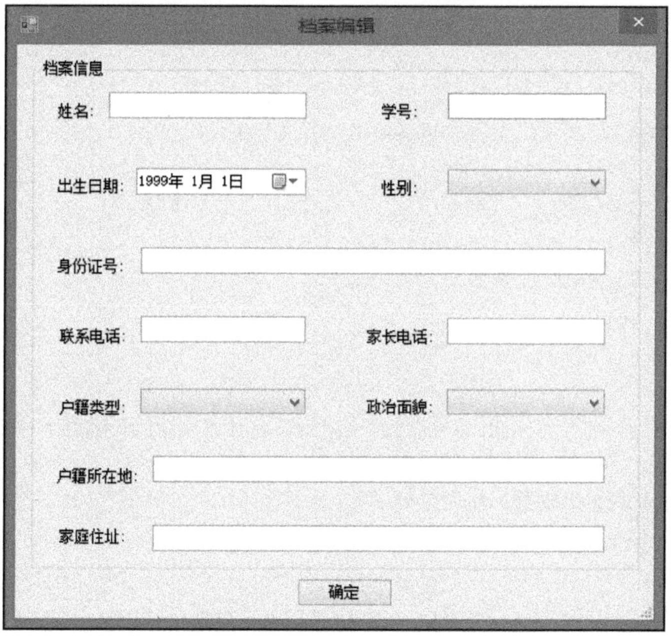

图 6-9 “档案编辑”窗口布局

05 编写“档案编辑”窗口代码

代码分为 3 个部分：第一部分从窗口上读取各控件的值；第二部分用于判断数据的合法性；第三部分用于向数据库中写入数据，并根据结果给出提示。

因为涉及用户的输入，因此，部分数据写入数据库前必须进行安全过滤。

因为学号具有唯一性，两个人的学号不可能相同，因此，在写入数据库之前还需要判断学号是否已经存在，如果存在，则不允许添加。详细代码如下：

```
private void ok_Click(object sender, EventArgs e)
{
    Safestring sf = new Safestring( );
    string xm = sf.Filter(this.xm.Text);
    string xh = sf.Filter(this.xh.Text);
    string xb = this.xb.Text;
    string sfz = this.xfz.Text;
    string dh = sf.Filter(this.dh.Text);
    string jzdh = sf.Filter(this.jzdh.Text);
    string hjlx = this.hjlx.Text;
    string zzmm = this.zzmm.Text;
    string hjd = sf.Filter(this.hjd.Text);
    string zz = sf.Filter(this.zz.Text);
    string sr = this.sr.Value.ToString( );
    Database db = new Database( );
    if (xm.Length < 2)
    {
        ShowErr("姓名必须至少两个汉字!!");
        return;
    }
    for (int i = 0; i < xm.Length; i++)
    {
        if (xm[i] < '\u4e00' || xm[i] > '\u9fa5')
        {
            ShowErr("姓名必须全中文!");
            return;
        }
    }
    if (xh == "" || dh == "" || jzdh == "" || hjd == "" || zz == "")
    {
        ShowErr("数据不能为空");
        return;
    }
    if (db.DataExist("select count(*) from dangan where xuehao='" + xh +
        "' and id<>" + id))
    {
        ShowErr("学号重复!!");
        return;
    }
    if (!sf.DateValid(sr))
    {
        ShowErr("出生日期错误!!");
        return;
```

```
        }
        string sql = string.Format("insert into dangan (xinming, xuehao, xingbie, 
shengri, shenfenzheng, dianhua, jiazhangdh, hujileixing, hujidizhi ,zhuzhi,zhengzhimm) 
values('{0}','{1}','{2}','{3}','{4}','{5}', '{6}', '{7}', '{8}','{9}','{10}')", xm, 
xh, xb, sr, sfz, dh, jzdh, hjlx, hjd, zz, zzmm);
        int r = db.ExcuteSql(sql);
        if (r == 0)
        {
            ShowErr("写入数据失败,请查证!");
            return;
        }
        private void ShowErr(string err)//定义一个错误提醒函数,简化部分代码
        {
            MessageBox.Show(err, "数据有误", MessageBoxButtons.OK, Message
                            BoxIcon.Error);
        }
```

06 测试结果，完善功能

此时，进行功能测试，会发现提示数据添加成功了，但“班级学生档案表”窗口中并没有新记录出现，而重新打开“班级学生档案表”窗口才出现新添加的数据，这是为什么呢？

当“档案编辑”窗口（子窗口）执行完成后，将数据写入数据库中，但“班级学生档案表”窗口（父窗口）并不知道数据库中的数据发生了变化，在下次打开时才能显示新添加的数据。

如果需要父窗口的数据及时更新，则必须让子窗口发消息给父窗口，通知父窗口更新数据，C#中子窗口给父窗口发送消息至少有 3 种方式可以实现，这里先介绍第一种：子窗口返回一个 DialogResult 结果，当父窗口检测到这个结果时再执行必要代码，例如，窗口数据更新等，效果与 MessageBox.Show( )一样。

Button 按钮有一个 DialogResult 属性，如果设置成 OK，单击该按钮，就相当于子窗口向父窗口发送了一个 DialogResult.OK 结果，但这样做有一个缺点，只要单击了这个按钮，不管执行是否成功，都返回结果，如果需要在这里做一些判断工作，则无法实现。

通常采用的办法是在子窗口的“确定”按钮代码中先判断所有数据的合法性，全部通过后，再通过代码设置按钮的 DialogResult 属性，设置语句为：this.DialogResult = DialogResult.OK。

修改后的代码如下，只列出重要部分：

```
private void ok_Click(object sender, EventArgs e)
{
    …
    if (r == 0)
    {
        ShowErr("写入数据失败,请查证!");
```

```
            return;
        }
        this.DialogResult = DialogResult.OK;
        this.Close( );
    }
```

这样修改只表示子窗口具有了向父窗口发送消息的能力，还需要父窗口对消息进行捕获处理。父窗口中，将设置 DataGridView 数据源的代码从 Load 事件中提出来，做成一个新函数，当检测到子窗口的 DialogResult.OK 消息时，再调用一次该函数，主要代码如下所示（挡案管理窗体代码 dangangl.cs）：

```
private void button1_Click(object sender, EventArgs e)
{
    danganbj dj = new danganbj( );
    if (dj.ShowDialog( ) == DialogResult.OK)
    {
        MessageBox.Show("操作成功!!", "提示", MessageBoxButtons.OK,
                        MessageBoxIcon.Information);
        SetData( );
    }
}
private void SetData( )
{
    Database db = new Database( );
    DataSet ds = db.GetDataSet("select id, xinming as 姓名, xuehao as 学号, xingbie as 性别, shengri as 出生日期, shenfenzheng as 身份证, dianhua as 联系电话, jiazhangdh as 家长电话, hujileixing as 户籍类型, zhengzhimm as 政治面貌, hujidizhi as 户籍所在地, zhuzhi as 家庭住址 from dangan");
    this.dataGridView1.DataSource = ds.Tables[0];
    this.dataGridView1.Columns[0].Visible = false;
}
```

因为 id 只作为修改和删除时的主键使用，并不需要显示，因此，通过设置 Columns[0].Visible 属性将这一列隐藏，隐藏后只是不显示在窗口上，内存中仍然存在，也就是说，还可以通过代码方式读取它的值。

07 修改功能的实现

当发现数据有错误或有变化时，需要对数据进行修改，修改功能在数据库信息管理系统中的作用非常重要。要实现数据修改，首先必须确定修改哪一条数据，然后需要将原始数据列出，最后才修改提交。

如何确定需要对哪条数据进行修改呢？DataGridView 有一个 Click 事件，前面通过修改属性，规定单元格的选择直接选定一行，因此，只要检测到 Click 事件，就能确定当前选择的是哪一行，使用 DataGridView 的 SelectRows 属性，SelectRows 是一个数组，可以多选，但修改时只能同时修改一条数据，因此，规定不允许多选。

DataGridView 范围比较大，无法保证只要是发生单击事件都选中了一条数据，因此，还需要判断当前选中了几行，如果是 0，表示没有选中数据。

仅仅判断选择的条数还不能确定数据是否有效，因为后面的空行也可能被选中，为了防止出现异常，有两种解决方案：一种是设计时把 AllowUserToAddRows 属性设置成 False，保证后面不出现空行；另一种方法是判断是否有值，确保这个判断有效的前提是用户无法修改单元格中的数据，因此，将 DataGridView 的 ReadOnly 属性设置为 True，表示数据只读，不允许修改。DataGridView 的 Click 事件的完整代码如下：

```
private void dataGridView1_Click(object sender, EventArgs e)
{
    if (this.dataGridView1.SelectedRows.Count > 0)
    //判断是否选定了行
    {
        id = (dataGridView1.SelectedRows[0].Cells[0].Value ?? "").
              ToString( );
        //获取数据的 id 值,防止异常,使用了一个捕获空值的运算符"??"
        if (id == "")
        {
            this.button2.Enabled = false;
            this.button3.Enabled = false;
        }
        else
        {
            this.button2.Enabled = true;
            this.button3.Enabled = true;
        }
    }
    else//没有选中行的情况
    {
        id = "";
        this.button2.Enabled = false;
        this.button3.Enabled = false;
    }
}
```

以上代码虽然较繁琐，但不复杂，其中 button2 为“修改”按钮，而 button3 为“删除”按钮，其代码在后面讲解。这里用到了一个新知识点：id = (dataGridView1.SelectedRows[0].Cells[0].Value ?? "").ToString( );中用的是 C#中的一个新运算符——双问号（??），双问号运算符用于判断前面的值是否为空（null），如果为空，则用??后面的给定值代替，否则直接取前面的值，例如：

```
x = a ?? b
```

相当于：

```
if(a == null)
x = b;
else
    x = a;
```

亦即：

```
x = a == null ? b : a;
```

选中数据后，需要将相应参数传递给子窗口进行处理，前面单元介绍过，父窗口传值到子窗口最常用的方法是利用构造函数，因添加档案与修改档案原理都一样，因此，将添加档案的窗口进行重载即可。

首先，在添加档案的窗口代码中添加一个可以接收参数的构造函数，档案数据量较大，共有 11 项数据需要传递，如果创建一个接收 11 个参数的构造函数，也能实现这个功能，但这种方法显然不可取。另一种方案是，只传递一个 id 到子窗口中，由子窗口根据 id 从表中读取数据，加载到窗口上，同时也可以根据 id 值进行数据修改，子窗口新建构造函数如下：

```
int id = 0;
public danganbj(int did)
        {
            InitializeComponent( );
            id = did;
        }
```

“修改”按钮的事件代码如下：

```
private void button2_Click(object sender, EventArgs e)
{
    if (id != "")
    {
        danganbj dj = new danganbj(Convert.ToInt32(id));
        //将保存的 id 值转换成整数传递给子窗口
        if (dj.ShowDialog( ) == DialogResult.OK)
        {
            …
        }
    }
}
```

通过以上方法，就能成功将数据记录的 id 值传递到子窗口中，子窗口获取 id 值后，保存到全局变量中，然后在 Load 事件中根据 id 变量的值确定是新增还是修改，代码如下：

```
private void danganbj_Load(object sender, EventArgs e)
{
    if (id == 0)//新增,给 3 个下拉列表框赋初值
```

```
        {
            this.xb.SelectedIndex = 0;
            this.zzmm.SelectedIndex = 0;
            this.hjlx.SelectedIndex = 0;
        }
        else//修改,将内容加载到窗口上
        {
            Database db=new Database( );
            SqlDataReader rs = db.GetDataReader("Select * from dangan
                                    where id="+ id);
            if (rs.Read( ))
            {
                this.xm.Text = rs.GetString(1);
                …//此处省略了部分代码
            }
            rs.Close( );
            db.Close( );
        }
    }
```

“档案编辑”（danganbj）窗口的“确定”按钮代码需要进行修改，也需要根据 id 的值区别是新增还是修改，代码如下：

```
    private void ok_Click(object sender, EventArgs e)
    {
        …
        if (db.DataExist("select count(*) from dangan where xuehao='"
            + xh + "' and id<>" + id))
        {
            ShowErr("学号重复!!");
            return;
        }
        string sql = "";
        if (id == 0)
            sql = string.Format("insert into dangan (xinming, xuehao, xingbie,
shengri, shenfenzheng, dianhua, jiazhangdh, hujileixing, hujidizhi ,zhuzhi,zhengzhimm)
values('{0}','{1}','{2}','{3}','{4}','{5}','{6}','{7}','{8}','{9}','{10}')", xm, xh,
xb, sr, sfz, dh, jzdh, hjlx, hjd, zz, zzmm);
        else
            sql = string.Format("update dangan set xinming='{0}', xuehao='{1}',
xingbie='{2}', shengri='{3}', shenfenzheng='{4}', dianhua='{5}', jiazhangdh='{6}',
hujileixing='{7}', hujidizhi='{8}' ,zhuzhi='{9}',zhengzhimm='{10}' where id={11}",
xm, xh, xb, sr, sfz, dh, jzdh, hjlx, hjd, zz, zzmm, id);
        int r = db.ExcuteSql(sql);
```

```
        if (r == 0)
        {
            ShowErr("写入数据失败,请查证!");
            return;
        }
        this.DialogResult = DialogResult.OK;
        this.Close( );
    }
```

以上代码还有一个需要注意的地方，如果学号不需要修改，修改前的记录还存在数据库中，简单判断学号是否存在，就会出现误判，解决办法是在后面加上一个判断条件，即数据库中的 id 与当前 id 不同时，才认为是重复值，代码修改为"select count(*) from dangan where xuehao='" + xh + "' and id<>" + id，意思是统计数据库学号等于准备写入的学号，而 id 不等于当前 id 的记录数，如果存在，则表示重复。

修改功能的 SQL 语句中，不要遗漏了 Where 条件，否则，会将表中所有记录都修改，因此，修改语句比添加语句多了一个参数。

08 删除功能的实现

删除功能比较简单，删除之前给出提醒，以防止误操作，然后构造一个删除 SQL 语句，执行即可，代码如下（dangangl 窗口）：

```
    private void button3_Click(object sender, EventArgs e)
    {
        if (id != "")
        {
            if (MessageBox.Show("是否确定要删除本记录??", "操作提醒",
MessageBoxButtons.YesNo,MessageBoxIcon.Question)== DialogResult.Yes)
            {
                Database db = new Database( );
                if (db.ExcuteSql("delete from dangan where id=" + id)>0)
                    SetData( );//删除完成后,同样需要更新窗口数据
            }
        }
    }
```

修改功能的激活方法除了单击“修改”按钮外，还可以通过单击或双击表格中的数据实现，这里以双击事件激发为例进行介绍。在控件的事件中，找到双击（DoubleClick）事件，双击该事件，进入事件编辑区域，因为修改功能的启动代码已经实现了，在 button2 的事件代码中，控件的事件代码也可以调用，但需要传递两个参数，调用方式如下：

```
    private void dataGridView1_DoubleClick(object sender, EventArgs e)
    {
        button2_Click(sender, e);
    }
```

这样就实现了双击数据行进入编辑窗口的功能。

任务拓展

子窗口传递参数给父窗口，上面采用了 DialogResult 返回结果的方式，这种方法对于简单返回结果的应用，基本能满足要求，但必须在调用子窗口的地方进行结果捕获，子窗口无法主动更新父窗口的内容。

在窗口之间传递参数还可以通过“委托”实现，这里不详细介绍委托相关知识，有兴趣的读者请自行查阅其他技术资料。有一种类似委托的方法也可以实现子窗口调用父窗口的函数，从而修改父窗口的数据，这实际上也是一种委托。

在实例化子窗口时，将父窗口作为参数传递给子窗口，子窗口需要调用父窗口的函数时，直接使用这个参数即可，需要注意的是，父窗口可以被调用的函数必须用 public 修饰，代码修改如下。

父窗口（dangangl）（与调用子窗口方法不同，声明 SetData 为公开访问）：

```
private void button2_Click(object sender, EventArgs e)
{
    if (id != "")
    {
        danganbj dj = new danganbj(this, Convert.ToInt32(id));
        //将窗口本身(this)作为参数传递给子窗口
        dj.ShowDialog( );
    }
}
public void SetData( )
{
    …
}
```

子窗口（danganbj）中增加一个 Form 类型的变量，用于保存父窗口，修改构造函数，接收父窗口参数，添加或修改数据的操作完成后，将保存的父窗口变量强制转换为 dangangl 类型后，调用其 SetDate 函数：

```
int id = 0;
Form parent;
public danganbj(Form p, int did)
{
    InitializeComponent( );
    id = did;
    parent = p;
}
private void ok_Click(object sender, EventArgs e)
{
    …
    ((dangangl)parent).SetData( );
```

```
        this.Close( );
    }
```

这种方式最大的好处是可以随意调用父窗口的公开函数，并且子窗口不需要退出即可实现。

任务总结

本任务无论是复杂度还是数据量，对初学者来说都比较大，完成本任务后再回顾前面的任务，会感觉前面的任务只能算作是热身运动，本任务完成的其实是一项常规工作：数据录入、修改与删除，是开发数据库类管理系统必须掌握的技能。本任务主要用到了以下几个知识点。

1）DataGridView 控件的使用。这是一个较复杂的控件，属性与方法多，功能强大，本任务只是使用到了它的最简单、最基本的功能，更多功能待需要使用时再去学习了解。

2）子窗口与父窗口之间传递参数的问题。父窗口传递参数给子窗口一般可以通过构造函数实现，而子窗口无法直接传参数给父窗口，本任务介绍了两种实现子窗口传递参数给父窗口的方法，另外还可以通过委托实现，有兴趣读者可以自行研究。

3）数据源 DataSet 的使用。DataSet 本身与数据库无关，可以脱离数据库单独使用，更重要的是可以作为 DataGridView 的数据源使用，因此，在项目开发中使用概率较大，是一个较重要的知识点。

4）不可重复的数据。在修改时如何判断重复性的问题，主要是条件的设置，难度不大，但需要细心去思考。

5）本任务用到了两个窗口，有些代码在两个窗口中是相互关联的，需要结合起来考虑。

任务 6-3 使用 Excel 表格导入档案

任务分析

上一任务完成了档案录入功能的开发工作，但试想，如果需要把全校几千学生的数据全部录入到系统，无疑是一件非常痛苦的事情。信息管理系统中的数据录入工作量大，输入费时费力，为了减轻操作人员的工作负担，需要开发一个数据导入功能，让管理人员先通过 Excel 电子表格将数据准备好，再一次性导入系统，本任务就是要完成这个功能。

生成 Excel 数据

导入 Excel 数据

扫码观看视频

必备知识

Excel 电子表格文件可以当作数据库使用，同样支持 Select 等标准 SQL 语句，在能够正确读取之前，必须提供能够识别的数据格式及命名规范，因此，一般来说，应用系统需要给用户提供一个标准数据模板，这个模板可以事先准备好，也可以在需要时自动生成。

打开 Excel 数据文件以及保存 Excel 模板文件时，还需要使用 Windows 标准的“打开”与“另存为”对话框。C#中提供了一套完整的系统标准对话框，包括颜色对话框（ColorDialog）、目录浏览对话框（FolderBrowserDialog）、字体对话框（FontDialog）、打开文件对话框（OpenFileDialog）与保存文件对话框（SaveFileDiaLog），本任务以打开文件对话框与保存文件对话框为例讲解系统对话框的使用方法。

一个 Excel 电子表格文件包含一个 WorkBook，称为工作簿，一个工作簿中可以包含多个工作表（WorkSheet），所有数据都保存在 WorkSheet 中，设置好 WorkSheet 中的内容后，对工作簿进行保存，就生成了一个 Excel 表格文件。

任务步骤

01 添加窗口，添加菜单启动项

设计好“档案导入向导”窗口，效果如图 6-10 所示。

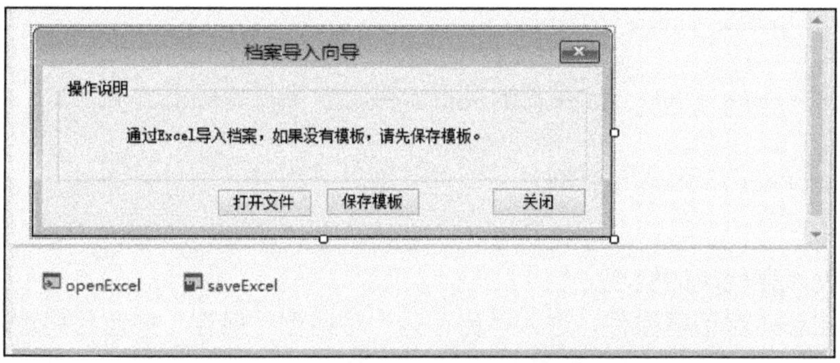

图 6-10　“档案导入向导”窗口的效果

添加两个对话框控件，OpenFileDialog 与 SaveFileDialog，分别命名为 openExcel 与 saveExcel，这两个控件需要设置的属性较少，需要重点介绍的是 Filter 属性，Filter 属性用于设置对话框中对文件类型的过滤方式，也就是设置如图 6-11 所示的效果。

设置如图 6-11 所示效果的方法是将打开文件对话框的 Filter 属性设置为“Excel 97-2003 文件（*.xls）|*.xls|Excel 2007 文件（*.xlsx）|*.xlsx”，这个字符串中最关键的是“|”，使用“|”隔开各分量的值，Excel 97-2003 文件（*.xls）|*.xls 是一组内容，显示时当作一个选项，前面是说明文字，也就是下拉列表中显示的文字，后面是过滤文件的后缀名，该内容并不显示在窗口上，但会对显示的文件进行过滤。多个选项接在后面写，两个选项中间也需要使用“|”分开，一个完整的 Filter 过滤字符串一定包含奇数个“|”，否则会出错。

另一个重点是 FileName（文件名），设置初始时的文件名，常用在保存时，打开时也可以根据需要进行设置。

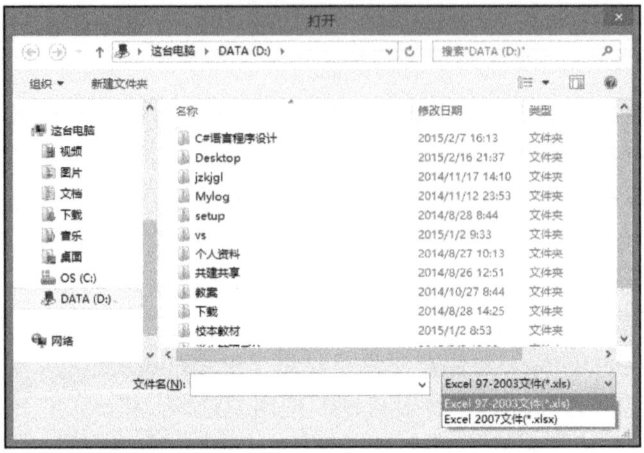

图 6-11　打开文件对话框对文件类型的过滤选择

还有一些属性，如默认打开位置等，若有需求，请自行研究使用。

02 编写代码实现“打开文件”与“保存模板”按钮功能

程序中分别添加两个按钮的 Click 事件，即可分别实现打开对话框功能，代码如下：

```
private void open_Click(object sender, EventArgs e)
{
    openExcel.ShowDialog( );
}
private void save_Click(object sender, EventArgs e)
{
    saveExcel.ShowDialog( );
}
```

03 模板保存代码的实现

双击 saveExcel 对话框控件，进入“另存为”对话框“保存”按钮代码编写窗口。Excel 是由微软公司开发的，同时也为程序开发人员提供了标准 Excel 读写组件，因此，在生成 Excel 文件之前，需要引入 Excel 的操作组件，以提供必要的操作接口，在解决方案资源管理器中右击项目名称，选择“添加引用”命令，弹出如图 6-12 所示的对话框。

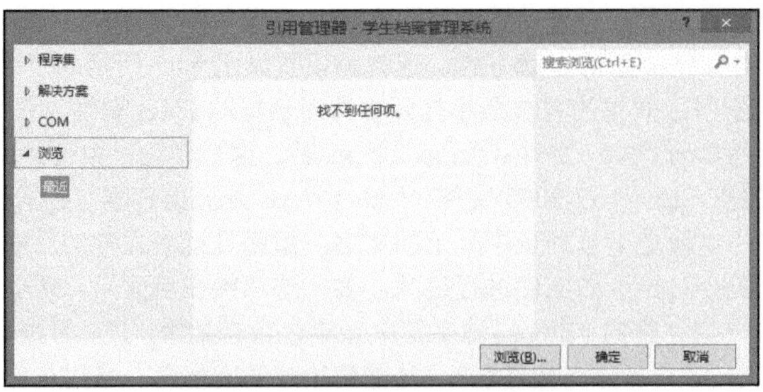

图 6-12　“引用管理器”对话框

单击“浏览”按钮，打开\Program Files\Microsoft Visual Studio 11.0\Visual Studio Tools for Office\PIA\Office14\Microsoft.Office.Interop.Excel.dll 文件，其中 Microsoft Visual Studio 11.0 后面的 11.0 是版本号，根据系统安装 VS 的版本不同而不同，Office14 是当前系统中安装的 Office 版本号，不同版本，这个编号也不相同。添加引用后，还需要使用 using 引入 Microsoft.Office.Interop.Excel 命名空间。导出模板代码如下：

```
private void saveExcel_FileOk(object sender, CancelEventArgs e)
{
    Microsoft.Office.Interop.Excel.Application mb =
        new Microsoft.Office.Interop.Excel.Application( );
    //启动 Excel 应用,相当于打开 Excel 软件
    if (mb == null)//如果打开失败,则表示未安装正确版本的 Excel
    {
        MessageBox.Show("检测到系统中未安装 Excel,请先安装再使用",
            "操作失败",
            MessageBoxButtons.OK,
            MessageBoxIcon.Stop);
        return;
    }
    Microsoft.Office.Interop.Excel.Workbooks wb = mb.Workbooks;
    //新建一个 Excle 工作簿
    Microsoft.Office.Interop.Excel.Workbook bk =
        wb.Add(Microsoft.Office.Interop.Excel.XlWBATemplate.xlWBAT Worksheet);
    //在工作簿中添加一个工作表(Worksheet)
    Microsoft.Office.Interop.Excel.Worksheet st = bk.Worksheets[1];
    //选择第一个工作表进行编辑,编号从 1 开始,与编程语言不同
    st.Cells[1, 1] = "姓名";
    st.Cells[1, 2] = "学号";
    st.Cells[1, 3] = "性别";
    st.Cells[1, 4] = "出生日期";
    st.Cells[1, 5] = "政治面貌";
    st.Cells[1, 6] = "身份证";
    st.Cells[1, 7] = "联系电话";
    st.Cells[1, 8] = "家长电话";
    st.Cells[1, 9] = "户籍类型";
    st.Cells[1, 10] = "户籍所在地";
    st.Cells[1, 11] = "家庭住址";
    //添加以上 11 个单元格数据,作为标题
    bk.Saved = true;
    bk.SaveCopyAs(saveExcel.FileName);
    //将工作簿保存为在"另存为"对话框设置的文件名
    bk.Close(Type.Missing, Type.Missing, Type.Missing);
    //关闭工作簿
```

```
        mb.Quit( );
        //退出 Excel
        MessageBox.Show("导出模板成功!请添加数据后再导入系统",
            "操作提醒",
            MessageBoxButtons.OK,
            MessageBoxIcon.Information);
    }
```

以上代码实现过程与操作 Excel 软件过程类似，Excel 表格中的编号从 1 开始，与 C 系列编程语言不同。关闭工作表时的 3 个参数中的 Type.Missing 是 Excel 中的数据类型，相当于 null，写成 null 也可以。

04 打开文件代码的实现

打开文件后，开始读取 Excel 文件，并将有效数据导入到数据库中。Excel 表格当作桌面数据库读取，因此，需要引入命名空间 System.Data.OleDb，打开 Excel 文件有固定的连接字符串，将 Data Source 改为 Excel 文件路径即可，如果需要打开.xlsx 文件，系统中必须安装 Office 2007 以上版本，否则会出错，连接字符串中指定引擎为 Excel 12.0，即 Excel 2007，打开 Excel 文件方法与打开数据库非常相似，只是使用的命名空间不同、方法名称有差异而已，具体代码如下：

```
    private void openExcel_FileOk(object sender, CancelEventArgs e)
    {
        string connstr = "Provider=Microsoft.Ace.OleDb.12.0;Data Source="
            + openExcel.FileName +
            ";Extended Properties='Excel 12.0; HDR=Yes; IMEX=1'";
        //支持.xls 和.xlsx,使用 Excel 12.0(2007)引擎
        //HDR=Yes 代表第一行是标题,不是数据
        OleDbConnection conn = new OleDbConnection(connstr);
        Database db = new Database( );

        try
        {
            conn.Open( );
            //打开连接
            string excelSql = "select * from [Sheet1$]";
            OleDbCommand cmd = new OleDbCommand(excelSql,conn);
            OleDbDataReader rs = cmd.ExecuteReader( );
            int sum = 0;                //统计成功导入的记录数
            while (rs.Read( ))          //逐条读取 Excel 文件中的数据
            {
                string dbstr = string.Format(string.Format("insert into dangan
(xinming, xuehao, xingbie, shengri,zhengzhimm, shenfenzheng, dianhua, jiazhangdh,
hujileixing, hujidizhi ,zhuzhi)
    values('{0}','{1}','{2}','{3}', '{4}', '{5}', '{6}', '{7}', '{8}',
```

```
'{9}','{10}')",
                    rs.GetValue(0).ToString( ),
                    rs.GetValue(1).ToString( ),
                    rs.GetValue(2).ToString( ),
                    rs.GetValue(3).ToString( ),
                    rs.GetValue(4).ToString( ),
                    rs.GetValue(5).ToString( ),
                    rs.GetValue(6).ToString( ),
                    rs.GetValue(7).ToString( ),
                    rs.GetValue(8).ToString( ),
                    rs.GetValue(9).ToString( ),
                    rs.GetValue(10).ToString( )
                    ));
                //从 Excel 中读出一条记录,生成一条 SQL 插入语句
                if (rs.GetValue(0).ToString( ) != "")
                //判断读取数据是否有内容,避免插入空行数据
                {
                    sum += db.ExcuteSql(dbstr);
                }
            }
            MessageBox.Show("成功导入" + sum.ToString( ) + "条数据!",
                "导入完成",
                MessageBoxButtons.OK,
                MessageBoxIcon.Information);
        }
        catch
        {
            MessageBox.Show("出现错误,请确定本机是否安装了 Excel 2007 以上的软件,且
数据类型是否正确",
                "导入错误",
                MessageBoxButtons.OK,
                MessageBoxIcon.Warning);
        }
        finally
        {
            conn.Close( );
            conn.Dispose( );
            db.Close( );
        }
    }
```

以上代码有以下两个需要注意的地方。

1）Excel 的 Select 语句，工作表名称后面需要加上“$”与中括号。

2）因无法确定 Excel 单元格格式，因此，使用 GetValue( )方法读取表格内容，然后用 ToString( )方法统一转成字符串处理。

任务总结

本任务完成的是一个非常实用的功能，数据导入\导出是信息管理系统中必备模块之一，实现代码并不长，主要包括以下几个知识点。

1）系统对话框控件的使用。OpenFileDialog 与 SaveFileDialog 这两个控件本身比较简单，重点是掌握 Filter 过滤字符串。

2）Excel 表格的操作与保存。这是数据导出的基本方法，需要引用相应的功能模块，并引入指定的命名空间，关键是理解 Excel 电子表格的结构。

3）Excel 表格的读取。读取 Excel 电子表格与读取 Access 桌面数据库类似，利用系统提供的方法即可实现，但一些细节需要注意。

单 元 小 结

管理系统总免不了需要进行数据录入，少量数据的录入可以直接通过软件功能实现，但大量重复的录入工作，不仅效率低下，而且还容易出错，因此，设置数据导入是大多数管理软件所必备的功能。为了确保软件的通用性，一般通过 Excel 电子表格导入数据，这就需要有一个统一的数据模板，因此，在导入数据前，还需要为用户生成一个模板。本单元简单介绍了数据录入功能的开发方法，同时也介绍了通过 Excel 插件读写 Excel 表格的方法，这都是一些比较实用的功能。

7

单元 7　实现成绩管理功能

单元导读

1. 数据库动态字段的一般设计方式
2. ListBox控件的使用
3. DataGridView控件作为数据录入表格使用方法
4. 复杂SQL查询语句在软件开发中的使用

技能目标

1. 掌握复杂数据表的设计与处理方法
2. 熟悉DataGridView录入数据方法
3. 会用ListBox管理简单数据

任务内容

1. 设计班级成绩管理数据表
2. 对科目进行管理
3. 录入原始成绩
4. 录入补考成绩
5. 修改成绩表

单元重点

1. 数据库设计时，动态字段的一般处理方法
2. ListBox 控件的使用
3. DataGridView 控件用于数据输入时的处理方式
4. 复杂 SQL 查询语句在软件开发中的使用

任务 7-1 成绩管理整体设计

任务分析

成绩管理的设计及科目管理

扫码观看视频

成绩管理本身并不复杂，即数据的计算与汇总。一个完整的系统中，科目是无法事先固定的，为了保证系统的通用性，一般使用动态科目管理技术，本系统设计为动态科目管理，为了简单起见，暂不设置科目的分值与学分等内容，假定 100 分为满分，60 分为及格。

人们熟悉的成绩表是一个行列二维表，包括“姓名”列与“学号”列，后面就是各科成绩，但开发管理系统时，事先无法知道需要管理哪些科目，因此，也无法设计好每一个成绩字段。一般来说，容易理解的办法有以下两种。

1）设计一个“成绩”表，增加科目时，修改成绩表结构，在后面增加字段。

2）设计一个“科目”表，将所有科目成绩放到该表中，成绩表中设置一个“科目”字段。

不同的班级可能有不同的科目，因此第一种方案难以实现多班级管理，本任务采用第二种方案实现成绩管理，如果读者对第一种方案感兴趣，可以自行研究。

必备知识

关于数据库的设计方法与设计原则详见单元 3 相关内容。

任务步骤

成绩管理需要设计两个表，一个是“科目”表，一个是“成绩”表，字段设计分别如表 7-1 与表 7-2 所示。

表 7-1 “科目”表（kemu）字段结构

字段	类型	说明
id	int	主键，唯一编号
kemuming	nvarchar（20）	科目名称

表 7-2 “成绩”表（chengji）字段结构

字段名	类型	说明
id	int	主键，唯一编号
kemu	int	科目编号，存储科目表的 id 值
xuehao	varchar（20）	学生学号，与档案表的学号关联
chengji	float	分数，以小数格式存储
bukao	bit	是否是补考成绩，用真和假表示

任务拓展

在成绩录入时，还需要与档案表相关联，实现“成绩”、“科目”与“档案”3 个表联合查询与更改。包括 4 个模块，分别为科目管理、原始成绩录入、补考成绩录入与成绩修改，分别通过以下几个任务完成。

任务 7-2 科目管理

任务分析

“科目”表只有两个字段，科目管理相对简单，主要包括增加、修改与删除操作，对于单列数据的管理，一般使用 ListBox 控件实现，数据库中内容与窗口显示内容需要实现同步。

必备知识

ListBox 可用于一次性将数据库中的内容通过 DataSet 绑定到窗口上，ListBox 的行并不是一个简单字符串，而是一个 DataRowView 对象。ListBox 中的内容可以修改、删除、增加，但并不直接写入数据库，因此，对于这类工具的使用，一般是先写入数据库，再对数据重新进行绑定。ListBox 主要有以下几个属性，如表 7-3 所示。

表 7-3 ListBox 的重要属性

属性	作用	使用说明
Items	添加或删除列表项元素。既可以手工添加，也可程序控制	包括 Add( )、Remove( )、Count( )等方法与属性
DisplayMember	用于显示的内容	绑定数据源时设置
ValueMember	值内容	列表框、下拉列表框等控件的行称为 DataRowView，包括两个值，一个用于显示，一个用于标识内容，两者可以相同，也可以不同
DataSource	绑定数据源	使用一个二维表结构的数据集作为数据源，需要通过以上两个属性设置显示的内容与值内容

完成本任务，需要注意以下几个细节。

1）科目名称不允许重复，插入和修改时应该考虑这个问题。

2）列表框中选择不同的行，下面文本框中需要进行相应的变化，便于进行修改。

3）为了防止误操作，删除前要给出提醒。

任务步骤

01 窗口布局

与菜单设计一样，窗口按钮也可以通过加上（&字母）设置热键，设计布局如图 7-1 所示。

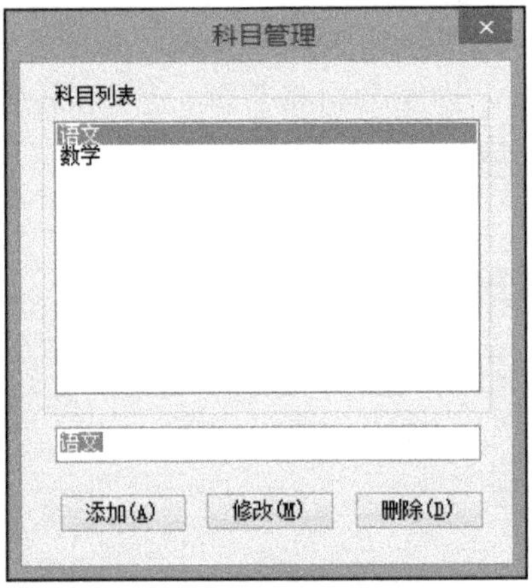

图 7-1 “科目管理”窗口布局

布局分为三部分，最上面是所有科目的列表框（kemu），中间是一个插入或修改的文本框（kcm），下面一排是操作按钮（add、modify 与 delete）。

02 实现控制代码

当数据库数据发生变化时，需要重新进行窗口数据绑定，因此将窗口数据绑定功能自定义为一个函数，代码如下（ListBox 命名为 kemu）：

```
private void SetData( )
{
    Database db = new Database( );
    DataSet ds = db.GetDataSet("select * from kemu");
    this.kemu.DisplayMember = "kemuming";     //绑定数据库中的 kemuming 字段
    this.kemu.ValueMember = "id";             //绑定数据库中的 id 字段
    this.kemu.DataSource = ds.Tables[0];      //绑定数据源
}
```

有了上述函数，增加、修改、删除后不需要再编写数据绑定代码，只需要调用该函数即可。

判断科目是否重复，需要根据输入的内容从数据库中查询判断，也可用函数实现，函数实现代码如下：

```
private bool KemuExsit(string km, int id)
{
    Database db = new Database( );
    return db.DataExist("select count(*) from kemu where kemuming='" +
            km + "' and id <>" + id);
}
```

以上代码调用了数据库类的 DataExist( )函数，详见单元 3 相关介绍。

要实现 ListBox 选择项变化时，课程名文本框内容发生变化，需要重写 ListBox 的选择项改变事件，事件名为 SelectedIndexChanged，双击事件，生成方法如下，id 是一个全局变量，用于记录当前选择项的 id：

```
private void kemu_SelectedIndexChanged(object sender, EventArgs e)
{
    this.kcm.Text = kemu.Text;//Text 属性就是当前被选择的显示文本内容
    id = kemu.SelectedValue.ToString( );
    //没有 Value 属性,SelectedValue 表示选定的值,是一个对象,需要转换成文本
}
```

增加、修改与删除事件代码如下：

```
private void add_Click(object sender, EventArgs e)
{
    if(this.kcm.Text!="")
    {
        Safestring sf = new Safestring( );
        if (!KemuExsit(kcm.Text, 0))
        {
            Database db = new Database( );
            db.ExcuteSql("insert into kemu (kemuming) values('" +
                    sf.Filter(kcm.Text) + "') ");//安全过滤
            SetData( );
        }
        else
        {
            MessageBox.Show("科目重名");
        }
    }
}


private void modify_Click(object sender, EventArgs e)
{
    if (id != "")//有选择项
```

```
    {
        if (this.kcm.Text != "")       //科目名称不为空
        {
            Safestring sf = new Safestring( );
            if (!KemuExsit(sf.Filter(kcm.Text), Convert. ToInt32(id)))
            //科目名称是否重复
            {
                Database db = new Database( );
                db.ExcuteSql("update kemu set kemuming='" +
                    sf.Filter(kcm.Text) + "' where id= " + id);
                SetData( );                //重新绑定数据
            }
            else
            {
                MessageBox.Show("科目重名");
            }
        }
    }
}

private void delete_Click(object sender, EventArgs e)
{
    if (id != "")
    {
        if (MessageBox.Show("是否确定删除?",
            "操作提示",
            MessageBoxButtons.YesNo,
            MessageBoxIcon.Question) == DialogResult.Yes)
        {

            Database db = new Database( );
            db.ExcuteSql("delete from kemu where id=" + id);
            SetData( );                //重新绑定数据
        }
    }
}
```

任务总结

科目管理是为录入成绩所做的准备工作，本任务用到了一个新的控件 ListBox，该控件没有太多的变化，主要是数据的绑定与事件的触发。

任务 7-3 原始成绩录入

任务分析

原始成绩录入

扫码观看视频

成绩录入分为单科录入与全部录入，考虑到现实中每科成绩不是同时出来，且有可能跨学期或学年，因此，本任务采用单科录入方式。首先选择要录入的科目，然后录入成绩。为了使用的方便，采用表格录入数据，DataGridView 具有输入功能，因此，本任务使用 DataGridView 录入成绩。

DataGridView 可以用于显示数据，同时也可以用于录入数据，录入时，并不能自动回写到数据库中，因此，录入完成后，还需要通过编写代码将数据写入到数据库中，与 Excel 表格的存盘类似，因学生名单在这里是固定的，不允许用户添加新行，也不允许修改姓名与学号信息，因此需要将这两列设置为只读属性（ReadOnly）。当有数据未保存而退出时，应该有退出提醒，另外，当用户录入的成绩不是数值或超范围（低于 0 或超过 100）时，应该禁止输入，并给出警告信息。

必备知识

1）DataGridView 具有一个 CellValueChanged 事件，用于监视单元格中内容的变化，同时会带一个 DataGridViewCellEventArgs 类型的参数 e，参数中有两个重要属性：RowIndex 与 ColumnIndex，分别记录当前的行号与列号，注意，行号与列号都是从 0 开始编号的。

2）DataGridView 单元格的读取，读取 DataGridView 中的数据用 Rows[r].Cells[c].Value 方式，其中 r 与 c 是表格的行号与列号，Value 的结果是对象，需要使用 ToString( )方法转成字符串使用。

3）数据库的 Select 语句可以“无中生有”地生成一个字段，例如，select *,0 as 成绩 from dangan 这个查询得到的结果除了原有“档案”表的所有内容外，还会在后面生成一个“成绩”字段，数据都是 0，用这种方法生成一列空数据，可用于绑定 DataGridView 作为成绩录入的表格。

任务步骤

01 “选择录入成绩科目”窗口

“选择录入成绩科目”窗口（kemuxz）用于成绩录入前选择科目，其中的下拉列表框命名为kemuselect，两个按钮分别命名为next与cancel，窗口运行效果如图7-2所示。

科目选择初始化时，需要将数据库的“科目”表与下拉列表框绑定，绑定方式与ListBox类似，代码如下：

```
private void kemuxz_Load(object sender, EventArgs e)
{
    Database db = new Database( );
    DataSet ds = db.GetDataSet("select id,kemuming from kemu");
    kemuselect.DisplayMember = "kemuming";
    kemuselect.ValueMember = "id";
    kemuselect.DataSource = ds.Tables[0];
}
```

单击“下一步”按钮时，将用户选择的科目名称和id通过构造函数传递给“成绩录入”窗口，代码如下：

```
private void next_Click(object sender, EventArgs e)
{
    kmid = Convert.ToInt32(kemuselect.SelectedValue);
    if (kmid > -1)    //未选择时是-1
    {
        chengjixg cx = new chengjixg(kmid, this.kemuselect.Text);
        cx.ShowDialog( );
    }
}
```

该窗口后面还需要使用，需要使用重载，在后面任务中再做详细介绍。

02 “成绩录入”窗口布局

新建一个Widnows窗体，命名为chengjilr，设置好外观属性，然后添加一个DataGridView控件与两个按钮，DataGridView控件命名为chengjibiao，两个按钮分别命名为submit（提交）与cancel（取消），效果如图7-3所示。

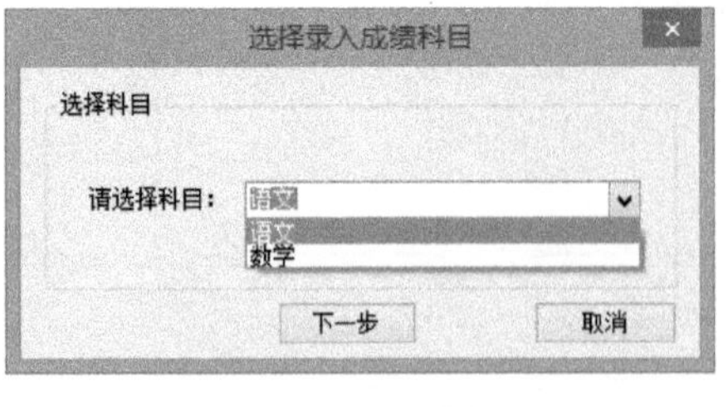

图7-2 “选择录入成绩科目”窗口运行效果

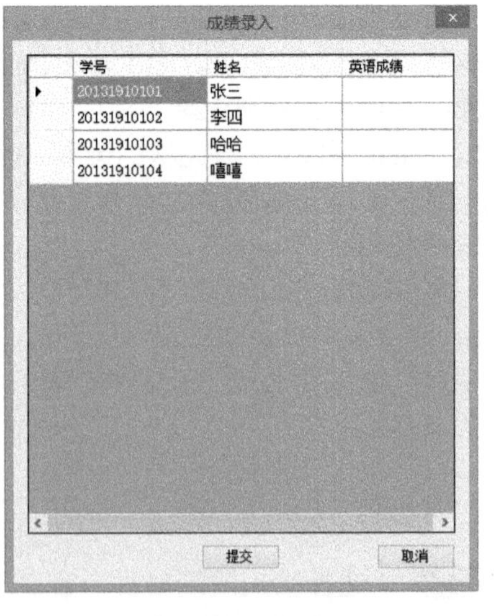

图7-3 “成绩录入”窗口布局效果图

声明 3 个全局变量，并改写构造函数，用于接收用户选择的科目名称与科目 id，具体代码如下：

```
int kmid = 0;                   //用于记录科目 id
string km = "";                 //用于记录科目名称
bool changed = false;           //用于记录是否有数据发生变化
public chengjilr(int id, string m)
{
    InitializeComponent( );
    kmid = id;
    km = m;
}
```

03 编写 Load 代码，生成成绩录入的空白表格：

```
Private void chengjilr_Load (object sender, eventargs e)
{
    Database db = new Database( );
    Dataset ds = db.GetDataset ("select xuehao as 学号, xinming as 姓名 ,
'' as " + km + "成绩 from dangan where xuehao not in (select xuehao from chengji
where kemu=" +kmid + ") ") ;
    Chengjibiao.datasource = ds.Tables[0];
    Chengjibiao.Columns[0].readonly = true;
    Chengjibiao.Columns[1].readonly = true;
    Chengjibiao.Columns[0].Width = 120;
    Chengjibiao.Columns[1].Width = 120;
}
```

以上 SQL 语句包含两部分，用到两个传入变量：km 与 kmid，前者是科目名称，后者是科目 id。SQL 语句的一部分是前面介绍过的，从“档案”表中查询出学号与姓名后，再生成一个新字段，字段名为上一窗口传递过来的科目名称；另一部分是 where 子句部分，“where xuehao not in (select xuehao from chengji where kemu=" +kmid + ")"”，意即本学号在“成绩”表中没有该科目的成绩，后面(select xuehao from chengji where kemu=" +kmid + ") " 是一个子查询，将“成绩”表中所有当前科目成绩的学号查询出来，生成一个结果集，如果“档案”表中有学生的学号不在这个集合中，则表示该学生还没有录入该科目成绩。最后 4 句用于设置“学号”与“姓名”列数据不可改变（ReadOnly，只读）并设置宽度。

04 处理录入事件，确保数据的完整性与安全性

单元格数据变化时，会激发事件，通过拦截这个事件就可以实时掌握数据的变化，需要完成两项工作：一是判断数据是否正确，二是一旦数据有所更改，则应该做好记录，避免出现未保存好数据而退出的情况。具体代码如下：

```
    private void chengjibiao_CellValueChanged(object sender, DataGridView
CellEventArgs e)
    {
        Safestring sf = new Safestring( );
string c = chengjibiao.Rows[e.RowIndex].Cells[e.ColumnIndex].Value.ToString( );
```

```
        if (c != "" && !sf.ChengjiValid(c))
        {
            MessageBox.Show("输入有误");
            chengjibiao.Rows[e.RowIndex].Cells[e.ColumnIndex].Value = "";
        }
        changed = true;
    }
```

以上代码中用到了一个判断是否为小数的自定义函数，位于 Safestring 类中，函数名为 ChengjiValid( )，具体实现原理请参阅单元 4 相关介绍。代码如下：

```
public bool ChengjiValid(string c)
{
    try
    {
        float f = float.Parse(c);
        if (f >= 0 && f <= 100)
            return true;
        return false;
    }
    catch
    {
        return false;
    }
}
```

获取或设置 DataGridView 单元格中的值，用 Rows[r].Cells[c].Value 属性读取或写入，事件会传入两个参数，保存于变量 e 中，分别表示发生变化单元格的行值（e.RowIndex）与列值（e.ColumnIndex）。

05 处理“提交”按钮事件与“取消”按钮事件

“取消”按钮事件首先判断表格数据是否有更改，通过 changed 变量获知，如果有数据更改，则给出退出提醒，如果用户选择不强行退出，则取消当前的关闭操作。这里需要处理的地方有两处：一是“取消”按钮；二是右上角的“关闭”按钮。因此，通过拦截 FormClosing 事件实现提醒功能，具体代码如下：

```
private void chengjilr_FormClosing(object sender, FormClosingEventArgs e)
{
    if(changed)
    {
        if (MessageBox.Show("有数据未保存,是否确定放弃修改退出??",
            "提醒",
            MessageBoxButtons.YesNo,
            MessageBoxIcon.Question) == DialogResult.No)
        {
            e.Cancel = true;
```

```
            }
        }
    }
    private void cancel_Click(object sender, EventArgs e)
    {
        this.Close( );
    }
```

以上代码中，如果将“取消”按钮的 DialogResult 属性设置为 Cancel，则可以省略 Click 事件，同样可以达到关闭的效果，但 Closing 事件代码不可省略。

```
    private void SaveData( )
    {
        Database db = new Database( );
        int sum = 0;
        for (int i = 0; i < chengjibiao.Rows.Count; i++)
        {
            string xh=chengjibiao.Rows[i].Cells[0].Value.ToString( );
            string cj = (chengjibiao.Rows[i].Cells[2].Value ?? "0").
                        ToString( );
            string sql = string.Format("insert into chengji (kemu,xuehao,
                        chengji,bukao) values({0},'{1}',{2},0)", kmid, xh, cj);
        //此为原始成绩,因此,补考项(bukao 字段)全部设置为 0
            sum += db.ExcuteSql(sql);
        }
        MessageBox.Show("成功录入" + sum + "人成绩",
            "输入结果", MessageBoxButtons.OK,
            MessageBoxIcon.Information);
    }

    private void submit_Click(object sender, EventArgs e)
    {
        SaveData( );
        changed = false;
        //数据保存完成后,可以直接退出,无须询问
        this.Close( );
    }
```

以上两个函数的代码实际上可以合并为一个，SaveData( )函数中，根据 DataGridView 的行数，依次读取“学号”列的内容与成绩列的数据，读取成绩时为了防止异常，做了一个空值处理，这里需要注意的是，这里的空值替换成 0 只是为了防止异常，并不表示未录入数据时作 0 分处理，因为根据前面的 SQL 语句可知，成绩单元格的原始数据是空字符串(""），空字符串并不能作为成绩分数写入数据库，因此，实际录入了多少人的成绩需要单独计算，在写入前，定义了一个 sum 变量，用于统计成功写入了多少条成绩数据。如果有

读者希望将未填写分数的单元格当作 0 分处理，只需要在原程序基础上稍作修改即可，这里不再赘述。

任务总结

成绩录入功能对于数据处理本身并不困难，但涉及科目不固定时，表的结构无法确定，因此 SQL 语句成了实现本功能的技术难点。本任务主要用到的知识点如下。

1）DataGridView 更深入的应用，包括读取内容、捕获事件、监控单元格数据变化等功能。

2）SQL 语句的灵活运用。如何从简单的数据表结构中查询出复杂的数据结构，如何进行多表联合查询，在这里得到了初步体现。

3）下拉列表框的数据源绑定方法与选择值的读取。

4）同一窗口通过构造函数重载实现不同的实例化，从而完成不同的功能。

任务 7-4 补考成绩录入

任务分析

补考成绩录入

扫码观看视频

补考成绩录入与原始成绩录入相似，但也有不同之处，原始成绩及格的学生，不需要补考，另外，录入补考成绩时，还需要显示原始成绩，因此在构造空表时，所使用的 SQL 语句与录入原始成绩时有所不同。

还有一个比较复杂的问题，现实应用中，可能有学生同一科成绩需要多次补考，这里为了简单起见，只存储一次补考成绩，如果有后面的补考成绩，则直接修改，因此还应该提供一个成绩修改功能。

任务步骤

01 创建补考成绩录入窗口

命名为 bukaolr，布局与原始成绩录入一样，这里不再赘述。

02 重载“选择录入成绩科目”窗口

通过构造函数确定是录入原始成绩，还是补考成绩，增加一个“布尔”类变量，用于区别是“原始成绩”还是“补考成绩”。“选择录入成绩科目”窗口程序的构造函数修改如下：

```
bool bukao=false;
public kemuxz(bool bk)
{
    InitializeComponent( );
    bukao = bk;
}
```

如果录入补考成绩，实例化窗口时使用 new kemuxz（true），而录入原始成绩实例化时使用 new kemuxz（false）。

03 编写 Load 事件代码

通过查询“成绩”表，将本科目不及格的学生名单与原始成绩列出来，同时增加一个空列用于成绩录入，对于补考成绩录入，考虑到多次补考的问题，首先检查是否已经录入了补考成绩，如果是，则不再录入了，而去修改“成绩”表中的数据。代码实现如下：

```
private void bukaolr_Load(object sender, EventArgs e)
{
    Database db = new Database( );
    if (!db.DataExist("select count(*) from chengji where kemu=" +
         kid + " and bukao=1"))
    {
        DataSet ds = db.GetDataSet("select c.xuehao as 学号,d.xinming as
姓名,c.chengji as " + km + "原始成绩, '' as 补考成绩 from chengji as c,dangan as
d where c.xuehao=d.xuehao and c.chengji < 60 and kemu = " + kid);
        chengjibiao.DataSource = ds.Tables[0];
        chengjibiao.Columns[0].ReadOnly = true;
        chengjibiao.Columns[1].ReadOnly = true;
        chengjibiao.Columns[2].ReadOnly = true;
    }
    else
    {
        MessageBox.Show("补考成绩已经录入,若有错误,请选择【成绩修改】 ");
        this.Close( );
    }
}
```

其他代码与原始成绩录入几乎一样，这里不再详细介绍，请读者自行完成。

任务总结

补考成绩录入与原始成绩录入差别很小，可以认为是一次练习，没有用到新知识点。

任务 7-5 成绩修改

任务分析

成绩修改

扫码观看视频

成绩修改包括原始成绩与补考成绩两部分，当修改后的原始成绩高于60分时，补考成绩无效，因此，修改原始成绩后有3种情况需要分开处理：当修改后的原始成绩大于等于60分时，如果存在该科目的补考成绩，则需要删除，当修改后的原始成绩小于 60 分时，如果系统中存在补考成绩则需要修改，否则需要添加一条新的补考记录。

在现有3个表的基础上如何查询出原始成绩与补考成绩是一个难点，因补考成绩不是每个学生都有，需要使用较复杂的SQL语句实现该功能。

必备知识

SQL 的 Select 语句除了可以自定义一个临时字段外，还可以把一个子查询当作一个字段用于显示结果，子查询可以使用主查询的参数作为条件对数据进行筛选。例如：

```
select c.xuehao as 学号,d.xinming as 姓名,chengji as 原始成绩,(select chengji from chengji where bukao = 1 and xuehao = c.xuehao and kemu = 1) as 补考成绩 from chengji as c, dangan as d where bukao = 0 and kemu = 1 and c.xuehao = d.xuehao
```

本查询语句比较长，假定需要录入的成绩是 id 为 1 的科目，SQL 语句分为两部分：一部分是查询原始成绩，语句为 select c.xuehao as 学号,d.xinming as 姓名,chengji as 原始成绩 from chengji as c, dangan as d where bukao = 0 and kemu = 1 and c.xuehao = d.xuehao，这是外层查询，因为内层查询需要使用参数，因此，需要给表起一个别名；另一部分是查询补考成绩，补考成绩的学号与科目必须与原始成绩的学号与科目相同，最常用的解决办法是使用子查询，子查询语句需要用括号括起来，同时，因为子查询的学号与科目必须与主查询一致，因此子查询写法为(select chengji from chengji where bukao = 1 and xuehao = c.xuehao and kemu = 1)，此处的 xuehao=c.xuehao 意即查询学号与主查询学号相同的记录，另外，子查询将作为一个字段使用，为了在数据表格绑定时有表头，因此，在后面加上“as 补考成绩”作为临时字段名。

子查询中如果没有数据，结果是空值 null，而不是空字符串""，两者是有区别的。

本任务难点就在于数据库查询语句，其他功能与成绩录入功能基本相同。

任务步骤

01 再次修改选择科目表单

因修改成绩前还需要选择科目，因此再加一个重载，实现修改功能，前面录入原始成绩与补考成绩时，使用一个 bool 类型的参数重载了构造函数，而无参数构造函数并没有使用，因此，修改时可以使用空参数构造函数，也就是说，不传入参数时，就表示选择的是成绩修改功能，整个窗体最终代码如下：

```
public partial class kemuxz : Form
{
    bool bukao = false;
    int kmid = 0;
    bool xg = false;
    /// <summary>
    /// 构造函数有 3 种状态,无参数表示修改成绩
    /// 参数 true 表示录入补考成绩,false 表示录入原始成绩
    /// </summary>
    /// <param name="bk"></param>
    public kemuxz(bool bk)
    {
        InitializeComponent( );
        bukao = bk;
    }
    public kemuxz( )
    {
        InitializeComponent( );
        xg = true;//无参数表示修改成绩
    }

    private void kemuxz_Load(object sender, EventArgs e)
    {
        Database db = new Database( );
        DataSet ds = db.GetDataSet("select id,kemuming from kemu");
        kemuselect.DisplayMember = "kemuming";
        kemuselect.ValueMember = "id";
        kemuselect.DataSource = ds.Tables[0];
        if (xg)
        {
            this.Text = "选择修改成绩科目";
            return;//使用 return 可以免除后面的 else 语句
        }
```

```
            if (bukao)
                this.Text = "选择补考成绩科目";
            else
                this.Text = "选择录入成绩科目";
        }

        private void cancel_Click(object sender, EventArgs e)
        {
            this.Close( );
        }

        private void next_Click(object sender, EventArgs e)
        {
            kmid = Convert.ToInt32(kemuselect.SelectedValue);
            if (kmid > -1)
            {
                if (xg)
                {
                    chengjixg cx = new chengjixg(kmid, this.kemuselect.Text);
                    cx.ShowDialog( );
                    return;
                }
                if (bukao)
                {
                    bukaolr bl = new bukaolr(kmid, this.kemuselect.Text);
                    bl.ShowDialog( );
                    return;
                }
                chengjilr cj = new chengjilr(kmid, this.kemuselect.Text);
                cj.ShowDialog( );
            }
        }
    }
```

02 代码实现

DataGridView 的基本操作与成绩录入没有太大差别，可以参考相关代码。最大的差别在于提交事件代码上，提交时需要根据原始成绩判断补考成绩的相关操作，即新增、修改或删除，主要代码如下：

```
    private void submit_Click(object sender, EventArgs e)
    {
        for (int i = 0; i < chengjibiao.Rows.Count; i++)
        {
            string xh = chengjibiao.Rows[i].Cells[0].Value.ToString( );
```

```
            string ycj = (chengjibiao.Rows[i].Cells[2].Value ?? "0").ToString( );
            string bcj = (chengjibiao.Rows[i].Cells[3].Value ?? "0").ToString( );
            UpdateCj(xh, ycj);
            if (float.Parse(ycj) >= 60)
            {
                DeleteBk(xh);
            }
            else
            {
                AddOrUpdateBk(xh, bcj);
            }
        }
        changed = false;
        this.Close( );
    }
    // 删除补考成绩
    private void DeleteBk(string xh)
    {
        Database db = new Database( );
        db.ExcuteSql("delete from chengji where xuehao='" +
            xh + "' and bukao=1 and kemu=" + kid);
    }
    // 增加或更新补考成绩
    private void AddOrUpdateBk(string xh, string cj)
    {
        string sql="";
        Database db = new Database( );
        if (db.DataExist("select count(*) from chengji where bukao=1 and
xuehao='" +
            xh + "' and kemu=" + kid))
        {
            sql = "update chengji set chengji=" + cj + " where xuehao='" +
                xh + "' and bukao=1 and kemu=" + kid;
        }
        else
        {
            sql = "insert into chengji (kemu,xuehao,chengji,bukao) values(" +
                kid + ",'" + xh + "'," + cj + ",1)";
        }
        db.ExcuteSql(sql);
    }
    // 修改原始成绩
    private void UpdateCj(string xh, string cj)
```

```
{
    Database db = new Database( );
    db.ExcuteSql("update chengji set chengji=" +
        cj + " where xuehao='" +
        xh + "' and bukao=0 and kemu=" + kid);
}
```

原始成绩全部需要重新写入数据库，另外，还需要根据原始成绩决定补考成绩的操作，是需要添加还是需要修改或删除，都由修改后的原始成绩决定。

任务总结

成绩修改功能其实很强大，可以直接录入原始成绩与补考成绩，可以认为是前面两个子项目的合并与升级，但除了构造“成绩”表结构的 SQL 语句，并没有其他新知识点。

单 元 小 结

类似学生成绩管理这类数据处理工作，一般将复杂数据拆分为两个表进行处理，但这种方式增加了数据处理的复杂度，这种处理方法是有规律可循的，难度在数据查询上。VS 提供的 DataGridView 功能强大，非常适合做数据表格的处理工作，功能强大，使用也相对比较复杂，需要多做多练，以达到熟能生巧。

8

单元 8 数据查询

单元导读

1. 组合查询的一般方法
2. 将数据导出为Excel表格
3. 动态控件的生成与处理

技能目标

1. 掌握组合查询的处理方法
2. 灵活构造SQL查询语句
3. 掌握动态控件的生成与事件处理
4. 编程实现数据导出为Excel电子表格

任务内容

1. 档案组合查询
2. 生成总成绩表
3. 成绩查询

单元重点

1. 组合查询的一般方法
2. 将数据导出为Excel表格
3. 动态控件的生成与处理

任务 8-1 实现档案组合查询

任务分析

本项目涉及的档案包括了 11 项基本属性，选择其中较重要的属性作为查询条件，包括性别、年龄、户籍类型、政治面貌与姓名等，查询时将这些属性条件组合处理，以同时满足条件，得到最终查询结果。

组合查询窗口布局

组合查询代码实现

扫码观看视频

必备知识

Select 语句最重要的部分在于 where 子句，查询功能都是通过构建 where 子句实现的，where 子句中的条件包括等于（=）、大于（>）、大于等于（>=）、小于（<）、小于等于（<=）、不等于（<>）、in、not in、like、is null、between…and…等，多条件组合包括并且（and）与或者（or）。

任务步骤

01 窗口布局

新建 Windows 窗体文件，命名为 dangancx，性别、户籍类型与政治面貌使用组合框 ComboBox，命名分别为 xb、hj 与 zz，年龄从数值为 0～100 之间的整数中选择，使用 NumericUpDown 控件，分别命名为 min 与 max，姓名使用文本框 TextBox，命名为 xm，显示查询结果使用 DataGridView，命名为 jieguo，“查询”按钮命名为 serch，并设置好 3 个组合框的选择项，布局如图 8-1 所示。

DataGridView 列名可以通过绑定数据库生成，也可以在设计时手工指定，设置方法为，在 DataGridView 控件上右击，选择“编辑列”命令，弹出如图 8-2 所示的对话框，进行各列内容的编辑，编辑时需要设置表头的标题（HeaderText）、列命名（Name）与列宽度（FillWidth）属性值。

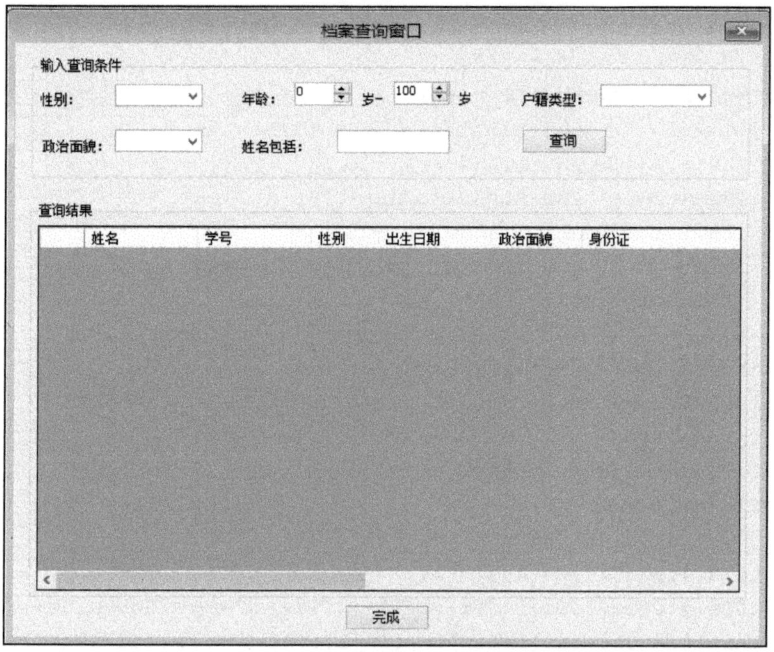

图 8-1 “档案查询窗口”窗体布局

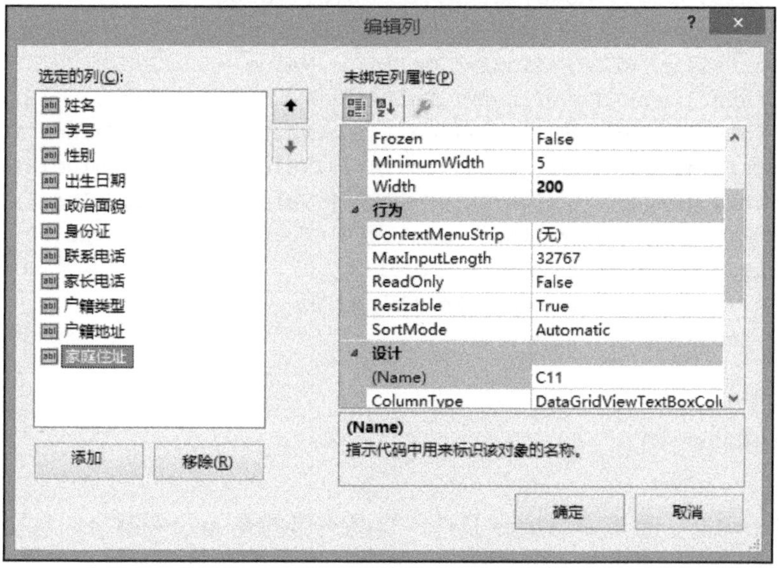

图 8-2 “编辑列”对话框

02 代码编写

编写“查询”按钮代码，实现对条件项的处理，生成最终的查询语句，代码如下所示：

```
private void serch_Click(object sender, EventArgs e)
{
    string sql = "select * from dangan ";
    DateTime n = DateTime.Now.AddYears(-(int)max.Value);
    DateTime m = DateTime.Now.AddYears(-(int)min.Value);
```

```
        string where = " where shengri between '" + n +
            "' and '" + m + "'";
        if (xb.SelectedIndex > -1)
            where += " and xingbie ='" + xb.Text + "' ";
        if (this.hj.SelectedIndex > -1)
            where += " and hujileixing='" + hj.Text + "'";
        if (this.zz.SelectedIndex > -1)
            where += " and zhengzhimm='" + zz.Text + "'";
        if (this.xm.Text != "")
            where += " and xinming like '%" + xm.Text + "%'";
        Database db = new Database( );
        SqlDataReader rs = db.GetDataReader(sql + where);
        int index = 0;
        this.jieguo.Rows.Clear( );
        while(rs.Read( ))
        {
          this.jieguo.Rows.Add( );
          this.jieguo.Rows[index].Cells[0].Value = rs.GetValue(1).ToString( );
          this.jieguo.Rows[index].Cells[1].Value = rs.GetValue(2).ToString( );
          this.jieguo.Rows[index].Cells[2].Value = rs.GetValue(3).ToString( );
          this.jieguo.Rows[index].Cells[3].Value =
               rs.GetDateTime(4).ToLongDateString( );
          this.jieguo.Rows[index].Cells[4].Value = rs.GetValue(5).ToString( );
          this.jieguo.Rows[index].Cells[5].Value = rs.GetValue(6).ToString( );
          this.jieguo.Rows[index].Cells[6].Value = rs.GetValue(7).ToString( );
          this.jieguo.Rows[index].Cells[7].Value = rs.GetValue(8).ToString( );
          this.jieguo.Rows[index].Cells[8].Value = rs.GetValue(9).ToString( );
          this.jieguo.Rows[index].Cells[9].Value=rs.GetValue(10).ToString( );
          this.jieguo.Rows[index].Cells[10].Value =
               rs.GetValue(11).ToString( );
           index++;
        }
        rs.Close( );
        db.Close( );
    }
```

生成查询语句时，重点是 where 条件，容易出错的是 and 关键字，包括前后的空格与 and 出现的位置。

本查询中，年龄条件是必须生成的，虽然默认对结果没有影响，但实际存在，因此，把年龄判断放在最前面，这样确保 where 后面不直接出现 and 关键字而出现语法错误。数据库中保存的是学生的出生日期，出生日期与年龄如何进行转换，是完成本功能的关键，C#中，DateTime 类型数据具有调整各分量的方法，AddYears( )用于在日期型变量中增加年数，如果参数为正数，表示“加”、如果参数为负数，则表示“减”，因此，可以根据当前系统日期减去两个年份，得到一个日期范围，出生日期处于这个范围内的就是符合条件的记录。例如，如果需要查询 18～20 岁的所有学生，首先通过 DateTime.Now 获取当前日期，然后分别生成两个新日期：n = DateTime.Now.AddYears(-20), m = DateTime.Now. AddYears(-18),

假定当前日期是 2015 年 3 月 1 日，则生成的条件范围是 1995 年 3 月 1 日至 1997 年 3 月 1 日。

3 个组合框的查询直接构造条件字符串即可，但要注意单引号（'）的使用，详见代码。

最后一个是姓名的查询，姓名的查询一般不需要输入完整姓名，只需要输入一两个关键字即可，有些系统会有精确查询与模糊查询选项，所谓精确查询就是用“等于”符号，而模糊查询使用的是 like，并带上通配符。这里使用模糊查询，当用户输入“张”时，生成的查询语句为 xinming like '%张%'，符合条件的结果既包括“张三”，也包括“泥人张”。

最后将查询结果显示于结果表中，这里也可以直接使用数据绑定的方式实现，详见单元 7 相关内容。本任务通过代码生成表格项，前面表格布局时已经生成了表头标题，程序中只需要通过循环增加行即可，增加行后，再将 11 列内容分别写入表中。代码中，读取 rs 结果集的内容时，因 rs（0）是 id，不需要读取，因此 rs 从 1 开始读，而表格从 0 列开始写入，数据读取完成后还需要将结果集与数据库断开连接。

任务总结

本任务以实现组合查询功能为例，介绍了查询功能的一般开发方法，重点工作在数据库操作上，详细知识点总结如下。

1）查询字符串的构造。主要构造 where 条件语句，重点在于空格、单引号与 and 或 or 的使用，因 where 条件语句结构相当苛刻，一个空格、一个单引号或 and（or）位置错误都会导致异常。

2）DataGridView 表格数据的写入。除了通过绑定数据库的方式实现外，还可以通过循环语句逐条写入。

任务 8-2 生成班级成绩总表

任务分析

生成成绩总表本不属于查询部分，但本项目数据库设计时，所有科目的成绩都存放在一列上，因此，如果需要将各科成绩分离出来，也需要使用查询功能实现。

生成成绩总表

扫码观看视频

必备知识

因所有科目的成绩都保存在一列中，因此，按科目列出成绩时，必须根据科目 id 用子查询获取，这就需要首先知道所有科目及每个科目的 id 值，这可以从“科目”表（kemu）中获取，科目数并不固定，需要循环读取“科目”表再生成单科成绩查询语句。

假定语文科目的 id 值为 1，查询语文成绩的 SQL 语句为通过以下方法生成。首先生成查询档案的语句：select xuehao,xinming from dangan as d，当需要加上成绩列时，按照前面的知识点，需要添加一个子查询（select chengji from chengji where bukao=0 and kemu=1 and xuehao=d.xuehao），合并到一起的 SQL 语句为 select xuehao,xinming,（select chengji from chengji where bukao=0 and kemu=1 and xuehao=d.xuehao） as 语文 from dangan as d，如还需要查询 id 值为 2 的数据成绩，则查询语句再添加一列，结果为 select xuehao,xinming,（select chengji from chengji where bukao=0 and kemu=1 and xuehao=d.xuehao） as 语文,（select chengji from chengji where bukao=0 and kemu=2 and xuehao=d.xuehao） as 数学 from dangan as d，依次类推，直到把所有科目全部列出。从生成的语句可以看出，查询语文成绩的语句与查询数学成绩的语句结构一样，只是 id 值与科目名不同而已。

所有科目都选择完成后，还需要有一个成绩的汇总，即所有成绩的总分，求总分的子查询与单科成绩的子查询方法一样，只是表示方法稍有不同，使用 select sum（chengji） from chengji where bukao=0 and xuehao=d.xuehao，这里不需要指定科目 id，但需要使用 sum（chengji）得到成绩的汇总值。

任务步骤

01 窗口布局

成绩总表与单科成绩查询窗口布局一样，命名为 chengjizb，添加一个 DateGridView 控件，命名为 cjb，添加两个按钮，“完成”（finish）与“导出 Excel”（import），运行效果如图 8-3 所示。

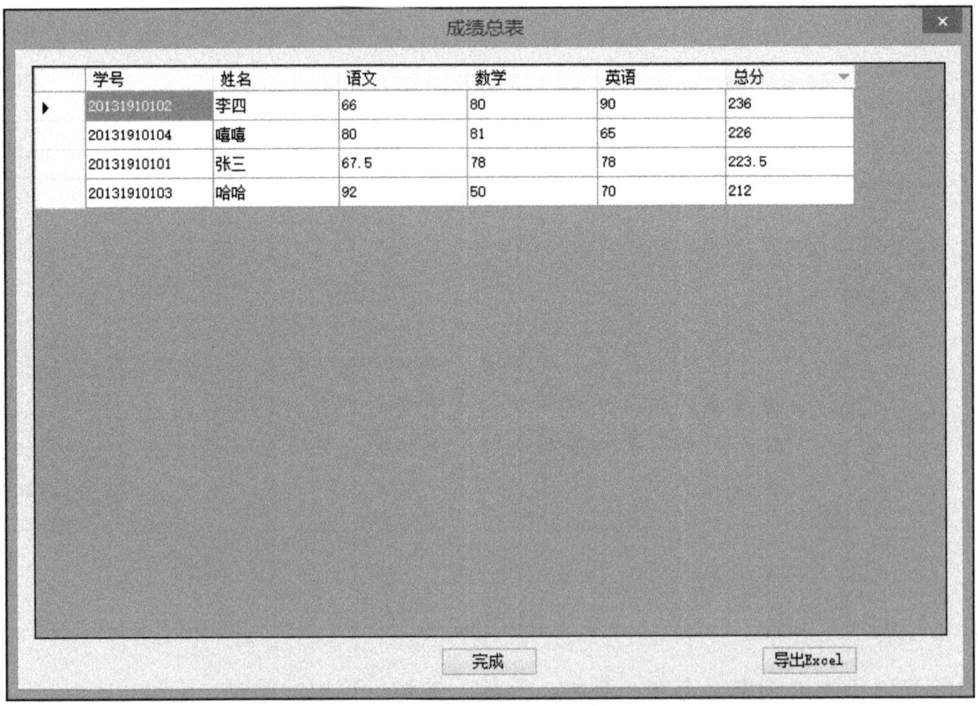

图 8-3　按总分降序排序的成绩总表效果图

02 生成成绩点表

代码写于 Load 事件中，具体代码如下：

```
private void chengjizb_Load(object sender, EventArgs e)
{
    Database db = new Database( );
    DataSet ds = db.GetDataSet("select id,kemuming from kemu");
    //用 DataSet 方式读取“科目”表中的结果
    string sql = "select xuehao as 学号,xinming as 姓名";
    //生成 SQL 查询语句前半部分
    for (int i = 0; i < ds.Tables[0].Rows.Count; i++)
    {
        string id = ds.Tables[0].Rows[i][0].ToString( );//取 id 值
        string km = ds.Tables[0].Rows[i][1].ToString( );//取科目名称
        sql += ",(select chengji from chengji where bukao=0 and kemu=" +
                    id + " and xuehao=d.xuehao) as " + km;
        //循环生成单科成绩子查询,注意逗号(,)
    }
    sql += ",(select sum(chengji) from chengji where xuehao=d.xuehao and
            bukao=0 ) as 总分 from dangan as d";
    //生成总子查询,再加上主 SQL 语句的后半部分
    ds = db.GetDataSet(sql);
    try
    {
        cjb.DataSource = ds.Tables[0];
    }
    catch
    {
        MessageBox.Show("出现严重错误,程序将退出!!");
        this.Close( );
    }
}
```

具体实现方法在“必备知识”部分已经介绍得非常清楚，不再详述。

03 将数据导出为 Excel 表格

查询数据结果的导出是一项非常实用功能，在信息管理系统中非常常用，前面在“档案”表模板导出时已经进行了详细说明，这里不再详述。

导出 Excel 表格时，需要选择文件保存位置，需要使用 saveFileDialog 控件，在 saveFileDialog 控件的 FileOK 事件中添加导出代码，具体代码如下：

```
    private void saveFileDialog1_FileOk(object sender,
System.ComponentModel.CancelEventArgs e)
    {
        Microsoft.Office.Interop.Excel.Application excel =
```

```
        new Microsoft.Office.Interop.Excel.Application( );//打开 Excel 工具
    if (excel != null)//打开成功,即本机安装有 Excel 处理软件
    {
        Microsoft.Office.Interop.Excel.Workbooks books = excel.Workbooks;
        //新建一个文件
        Microsoft.Office.Interop.Excel.Workbook book = books.Add (Microsoft.
           Office.Interop.Excel.XlWBATemplate.xlWBATWorksheet);
        //以工作表 Sheet 方式添加一个工作簿
        //注意,这里默认只添加一个工作表,Excel 软件默认生成 3 个工作表
        Worksheet sheet =
          (Microsoft.Office.Interop.Excel.Worksheet)book.Worksheets[1];
        //选择第一个工作表作为当前工作表进行处理
        sheet.Name = "成绩总表";                          //给工作表命名
        int column = cjb.Columns.Count;                 //获取"成绩"表的总列数
        for (int i = 0; i < column ; i++)
        {
            sheet.Cells[1, i + 1] = cjb.Columns[i].HeaderText;
            //按"成绩"表的表头内容生成 Excel 的表头标题行
        }
        for (int i = 0; i < cjb.Rows.Count; i++)
        {
            for (int j = 0; j < column; j++)
            {
                sheet.Cells[i + 2, j + 1] =
                cjb.Rows[i].Cells[j].Value.ToString( );
                //逐单元格将内容复制到 Excel 表格中,这里需要注意的是
                //DataGridView 表格编号从 0 开始,而 Excel 表格编号从 1 开始
            }
        }
        //以上是一个二重循环,按先行后列的方式依次写入 Excel 表格中
        book.Saved = true;                              //保存工作簿
        book.SaveCopyAs(this.saveFileDialog1.FileName);//将工作簿保存为文件
        book.Close(null, null, null);                   //关闭工作簿
        excel.Quit( );                                  //退出 Excel 程序
        MessageBox.Show("导出成功!!");
        this.Close( );
    }
}
```

导出 Excel 逻辑并不复杂，但代码比较长，不容易记忆，在互联网非常发达的今天，随时随地都可以在网上查到相关的资料，因此不需要记忆，需要掌握的是方法。

任务总结

本任务在前面任务的基础上只有少量的改动，变化最大的是 SQL 语句的构建，另外做

了一个非常实用的 Excel 导出功能，读者应掌握其方法。具体知识点如下。

1）SQL 语句的动态构造。是本任务的难点所在，应该一步一步弄清楚语句的来历。

2）3 种二维表地址表示方式的不同。本任务用到了 3 个二维表结构：DataSet 中的数据表、DataGridView 控件和 Excel 工作表，这 3 个表都是二维结构的数据表，但地址表示法各不相同，需要弄清楚三者的区别，以免混淆。

① DataSet 中数据表的地址表示法为：Rows[行][列]，表中值直接获取。

② DataGridView 单元格地址表示法为：Rows[行].Cells[列]，读取或设置值用属性 Value。

③ Excel 工作表的地址表示法为 Cells[行,列]，表中值直接获取（行、列编号从 1 开始）。

任务 8-3 成绩查询

任务分析

动态生成窗口控件

实现组合查询代码

扫码观看视频

有些数据查询很复杂，需要查询哪些字段是不可预知的，当然，如果再考虑实用一些，查询结果显示哪些信息，也应该是动态选择的。这里以查询学生成绩为例，对动态数据的查询进行简单的介绍。

既然开发时没有办法确定需要对哪些科目进行查询，就只能使用组合框对已有科目进行选择，另外，条件至少应该包括大于、大于等于、小于、小于等于和介于 5 个，为了简单起见，可以将大于等于与小于等于去掉，一般规则是，大于包括等于，而小于不包括等于，各条件之间的关系也不一定是与（and），还可能是或（or）。

另外还有一个难点，即动态生成控件的相对位置问题，如何用一个统一的数学表达式表示位置关系，是解决本任务的关键。

必备知识

既然条件数无法预知，那么就需要用到动态控件生成技术，动态控件生成技术使用非常广泛，各类游戏中角色的出现与消失，它们的位置、属性等都是动态的，实现这类功能的基础就是动态控件技术。

以下是动态控件生成四步曲。

1）产生一个新的对象。

2）赋予相应的属性。

3）添加各类响应事件。

4）将新产生的控件添加到控件容器中。

容器，按日常含义简单解释就是装东西的器皿，Windows 窗体就是一个容器，上面可以放置各类控件，除了窗体本身外，还有一些可供使用的容器，包括最常用的 GroupBox、Panel、TabControl 等，容器本身很简单，没有太多的复杂属性与方法，本任务以 GroupBox 为例进行说明。

VS 生成的 Windows 窗体实际上包括 3 个文件：.cs 是一个代码文件，.Designer.cs 是一个设计布局文件，.resx 是一个资源文件，其中第二个文件是纯文本模式，保存的就是各控件的名称、位置、事件、方法等信息，也就是说，当将控件拖放到控件窗口中时，系统会自动生成这个设计布局文件。这些布局设计好以后，是可以通过程序进行更改的，并且还可以动态生成这些属性。

任务步骤

01 初始窗口布局

因查询条件是动态生成的，初始布局较简单，包括一个 GroupBox 容器，两个初始组合框，分别命名为 km0 与 tj0，两个添加条件的按钮（and 与 or），一个“查询”按钮（search），设计如图 8-4 所示。

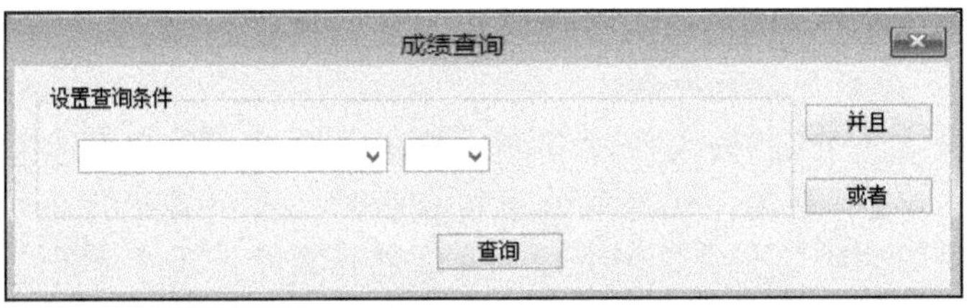

图 8-4 “成绩查询”初始窗口设计

初始化科目选择组合框选项，在 Load 事件中加上如下代码：

```
private void chengjicx_Load(object sender, EventArgs e)
{
    Database db = new Database( );
    DataSet ds = db.GetDataSet("select id,kemuming from kemu");
    km0.DisplayMember = "kemuming";
    km0.ValueMember = "id";
    km0.DataSource = ds.Tables[0];
    //设置初始科目选择组合框的选项
}
```

02 编写条件项变化处理事件

当条件选择项发生变化时，需要根据当前选项设置数字输入框，大于与小于只需要添加一个数字输入框，而等于则需要设置两个数字输入框，代码如下：

```
intindex=b;  //全局变量,用于记录条件个数,并以下标方式命名控件(以文本为准)word.
private void tj0_SelectedIndexChanged(object sender, EventArgs e)
{
    ComboBox cb = (ComboBox)sender;
    if (cb.SelectedIndex == 2)
        CreateNumBox(2);
    else
        CreateNumBox(1);
    //条件选项,决定动态生成分数录入控件的个数
}
private void CreateNumBox(int n)
{
    this.groupBox1.Controls.Remove(this.groupBox1.Controls["tb" +
                index + "0"]);
    this.groupBox1.Controls.Remove(this.groupBox1.Controls["tb" +
         index + "1"]);
    //防止重新选择,因此,一旦发生变化,就要清除原有控件
    for (int i = 0; i < n; i++)
    {
        NumericUpDown tb = new NumericUpDown( );
        tb.Name = "tb" + index.ToString( ) + i.ToString( );
        //生成新控件并命名,结果为 tb00 或 tb01 等格式
        tb.Left = 270 + i * 60;
        tb.Top = 30 + index * 40;
        tb.Width = 50;
        tb.Text = (0 + 100 * i).ToString( );
        //第一个控件初始值为 0,第二个控件初始值为 100
        this.groupBox1.Controls.Add(tb);
        //创建 NumericUpDown 控件
    }
}
```

以上代码用于完善一个条件的输入，执行效果如图 8-5 所示。

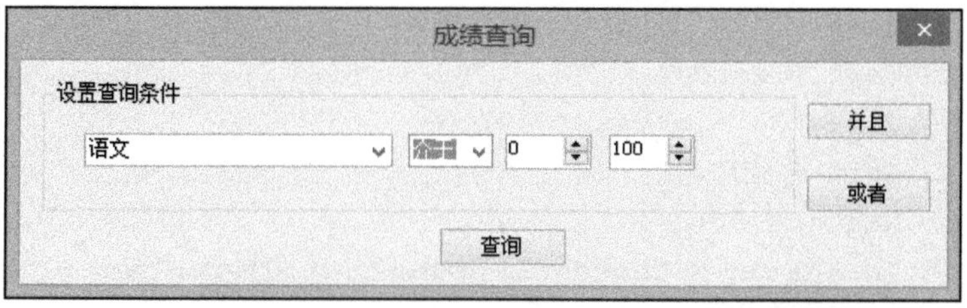

图 8-5　选择条件后，自动生成数字输入框

03 编写添加条件代码

一个条件输入完成后，还可以增加另外的条件，单击“并且”或“或者”按钮，则自动生成一个新行用于条件设置，同时显示当前选择的是“AND”还是“OR”，执行效果如图 8-6 所示。

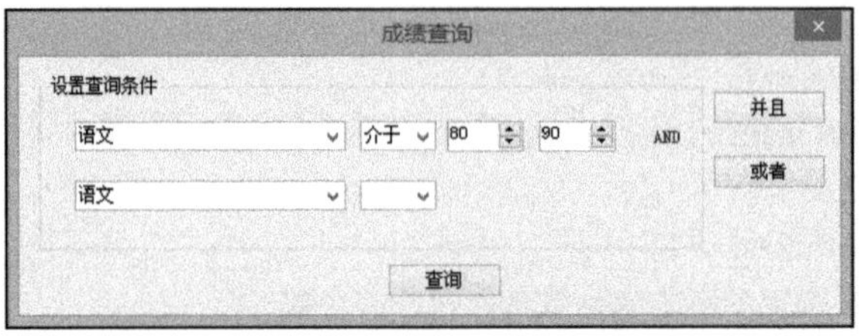

图 8-6　添加一组新条件

这里需要完成 AND 提示的显示，还需要生成一个科目选择组合框与一个条件选择组合框，代码如下：

```
private void and_Click(object sender, EventArgs e)
{
    AddCondition("AND");
}
private void or_Click(object sender, EventArgs e)
{
    AddCondition("OR");
}
private void AddCondition(string cond)
{
    ComboBox cb = (ComboBox)this.groupBox1.Controls["tj" + index];
    if (cb == null)
        return;
    if (cb.SelectedIndex > -1)
    {
        this.Height += 40;//窗口增加高度
        this.groupBox1.Height += 40;//GroupBox 容器增加高度
        this.search.Top += 40;//"查询"按钮位置下移
        Label lb = new Label( );//生成一个 Label 用于显示 AND 或 OR
        lb.Name = "lb" + index;
        lb.Text = cond;
        lb.Top = 30 + index * 40;
        lb.Left = 400;
        lb.Width = 30;
        lb.TextAlign = ContentAlignment.MiddleCenter;
        //文本对齐方式
        lb.ForeColor = System.Drawing.Color.Red;
        //文本颜色
```

```
            this.groupBox1.Controls.Add(lb);
            index++;
            CreateCombox( );
        }
    }
    private void CreateCombox( )
    {
        Database db = new Database( );
        ComboBox cb = new ComboBox( );
        cb.Name = "km" + index;
        cb.DisplayMember = "kemuming";
        cb.ValueMember = "id";
        DataSet ds1 = db.GetDataSet("select id,kemuming from kemu");
        cb.DataSource = ds1.Tables[0];
        cb.Left = 24;
        cb.Top = 30 + index * 40;
        cb.Width = 180;
        this.groupBox1.Controls.Add(cb);

        //以上添加科目组合框,命名为科目+编号
        cb = new ComboBox( );
        cb.Name = "tj" + index;
        cb.Items.Add("大于");
        cb.Items.Add("小于");
        cb.Items.Add("介于");
        cb.Left = 213;
        cb.Width = 50;
        cb.Top = 30 + index * 40;
        //以上生成条件组合框,命名为 tj+编号
        cb.SelectedIndexChanged += new EventHandler(tj0_SelectedIndexChanged);
        //添加条件组合框的选项改变事件,设定响应事件函数
        this.groupBox1.Controls.Add(cb);
    }
```

本段代码比较长，但只要弄清楚了工作原理，也很好理解，主要是一些细节问题。

04 编写查询代码

条件生成完成后，需要进行处理，处理的方法就是根据设置参数生成查询条件语句，最后将这个语句传递给“成绩总表”窗口，完成结果的显示，代码如下：

```
    private void search_Click(object sender, EventArgs e)
    {
        string sql="";
        for (int i = 0; i <= index; i++)//依次读取内容,生成查询语句
        {
```

```
            ComboBox cb1 = (ComboBox)this.groupBox1.Controls["km" + i];
            ComboBox cb2 = (ComboBox)this.groupBox1.Controls["tj" + i];
            NumericUpDown tb1 = (NumericUpDown)this.groupBox1.Controls["tb" +
                                i + "0"];
            NumericUpDown tb2 = (NumericUpDown)this.groupBox1.Controls["tb" +
                                i + "1"];
            //分别读取 4 个控件,注意需要强制转换
            if (cb2.SelectedIndex == 0)//大于
            {
                sql += cb1.Text + " >= " + tb1.Text;
            }
            if (cb2.SelectedIndex == 1)//小于
            {
                sql += cb1.Text + " < " + tb1.Text;
            }
            if (cb2.SelectedIndex == 2)//介于
            {
                sql += cb1.Text + " between " + tb1.Text + " and " +
                        tb2.Text;
            }
            Label lb = (Label)this.groupBox1.Controls["lb" + i];
            if (lb != null)//因最后一个条件后面没有 AND 或 OR,一定要判断
                sql += " " + lb.Text + " ";//添加 AND 或 OR,注意空格
        }
        chengjizb cj = new chengjizb(sql);
        this.Close( );
        cj.ShowDialog( );
        //最终结果在成绩总表中显示,给成绩总表传递一个参数
    }
```

"成绩总表"窗体需要进行简单修改，最简单的方式就是通过构造函数实现参数传递，代码如下：

```
string sqlstr = "";
public chengjizb( )
{
    InitializeComponent( );
}
public chengjizb(string sql)
{
    InitializeComponent( );
    sqlstr = sql;
}
```

声明一个全局变量，并添加一个构造函数，用于初始化时接收参数。然后修改 Load 事件，在后面加上一个判断语句，如果变量 sqlstr 有内容，则构造新的查询语句，修改部分代码如下：

```
private void chengjizb_Load(object sender, EventArgs e)
{
    …
    if (sqlstr != "")
        sql = "select * from (" + sql + ") as x where " + sqlstr;
    ds = db.GetDataSet(sql);
    try
    {
        cjb.DataSource = ds.Tables[0];
    }
    catch
    {
        MessageBox.Show("出现严重错误,程序将退出!!");
        this.Close( );
    }
}
```

需要说明的是，当使用子查询结果作为一个字段时，并不能对这个字段进行条件判断，因为当主查询根据条件筛选时，子查询结果并没有完全生成，因此，会出现无效字段名的错误提醒，解决办法是，将前面查询所有成绩的语句整体当作一个数据源，为了让它优先得到处理，加上括号，从这个数据源中查询结果，就可以达到需要的效果。

```
"select * from (" + sql + ") as x where " + sqlstr
```

这个查询语句分三部分，前面 select * from 表示从哪里查，紧接着的（" + sql + "） as x 把原有查询当作数据源处理，命名为 x，第三部分是 where " + sqlstr，在原有基础上根据条件筛选。

上述操作实际上就是将成绩总表结果当作一个数据源，再根据科目进行查询筛选，这个数据源的专业名称为查询（这里是一个名词，表示查询出来的结果）。

任务总结

本任务要求把上一子任务的结果当作数据源进行查询处理，查询语句需要动态生成，根据选择的科目与条件，生成最终的条件，具体知识点如下。

1）动态生成控件，包括属性、事件。

2）构造查询条件，根据页面控件，动态生成条件语句，需要注意构造字符串的完整性，不能出现 SQL 语句的语法错误。

单 元 小 结

数据搜索查询是一个管理系统所必需的功能之一，查询功能的实现主要是依赖 SQL 查询语句的构造，通过构造的 SQL 查询语句获取表中的数据。稍复杂一点的系统都会涉及动态控件生成的问题，C#中要实现这个功能比较简单，但真正做到灵活实用，还需要有足够的细心与耐心，动态控件的事件处理是关键。

9

单元 9　数据统计与图表功能

单元导读

1. 数据统计功能的一般处理方式
2. 使用Chart控件绘制各类图像
3. 生成饼图的一般方法
4. 生成柱状图的一般方法

技能目标

1. 掌握对数据的分析汇总处理方法
2. 了解Chart控件的功能及基本用法
3. 掌握饼图与柱状图的生成方法

任务内容

1. 统计成绩等次并按百分比生成饼图
2. 统计成绩分数段并生成柱状图

单元重点

1. 按不同要求对数据进行统计
2. 使用Chart控件绘制各类图表
3. 生成饼图的一般方法
4. 生成柱状图的一般方法

任务 9-1 实现按科目对成绩等次进行统计并生成饼图

任务分析

成绩等次一般分为优秀、良好、及格与不及格四等，适合使用饼图实现百分比统计，生成图表前需要对成绩进行分等次统计，得出所占百分比，统计前需要设置各等次分数段的分值。

饼图的基本设置

统计数据并生成饼图

扫码观看视频

必备知识

NumericUpDown 控件专用于数值输入，可以上下调整数值，并能限定输入范围与输入类型，用于输入成绩非常合适。

统计结果一般使用百分比表示，通常要求保留两位小数，简单的方法就是利用 Float 的 ToString( )方法，后面加上掩码“0.00”，例如，float x = 12.3456f，则 string s = x.ToString（"0.00"）的结果是，s ="12.35"，类型为字符串。

Chart 图表的几个重要概念介绍如下。

1）序列（Series）：一组数据，如果有多组数据进行比较，就使用多个序列。

2）图例（Legends）：图表序列的图例说明，一般以颜色区分。

3）图表区（ChartAreas）：图表绘制区域，可以设置辅助线、标尺等。

每个序列可以通过 Points.DataBindXY( )方法设置关键点值与文字描述，参数为两个数组：第一个数组为字符串数组，用于图例说明；第二个数组为数值数组，用于表示各分项顶点值，两个数组的长度必须相同，否则会产生异常，Chart 控件会根据数据自动调整标尺、辅助线及颜色等属性。

任务步骤

01 窗口布局

窗口布局分三部分，上面是 4 类成绩的分数段设置，中间是表格统计结果，下面是图表统计结果，如图 9-1 所示。

优秀分数的输入控件命名为 youxiu，良好分数的两个输入控件分别命名为 liang1 与 liang2，及格分数的输入控件分别命名为 jige1 与 jige2，“统计科目”组合框命名为 kemu，

“统计”按钮命名为 tongji，统计表格命名为 tongjibiao，图表控件命名为 chart1。因不及格人数=总人数–优秀人数–良好人数–及格人数，因此不需要单独进行分值设置。

Chart 控件中的饼图只是效果图，并不表示最终结果。

Chart 图表默认效果图为柱状图，如果要设置为饼图，需要进行序列（Series）样式设置，打开“Series 集合编辑器”对话框，将 ChartType 属性设置为 Pie，如图 9-2 和图 9-3 所示。

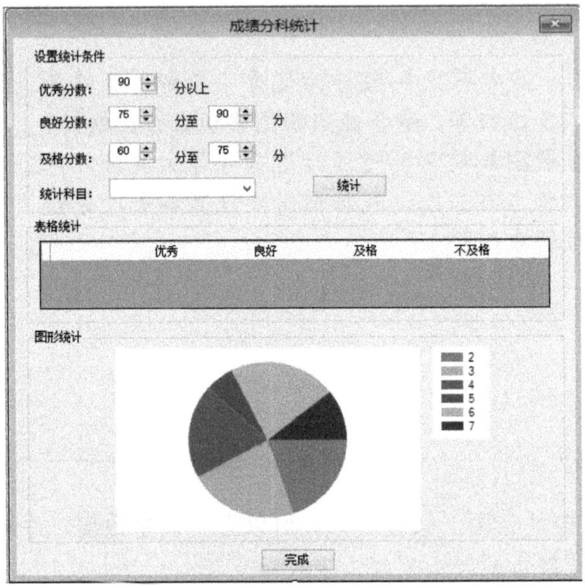

图 9-1　“成绩分科统计”窗口布局

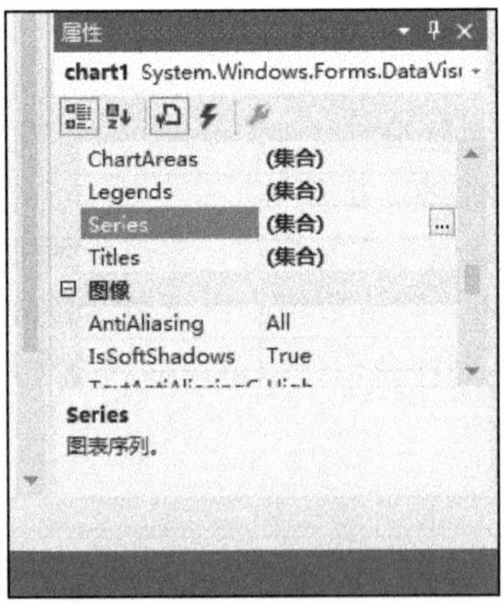

图 9-2　Series 的“属性”窗格

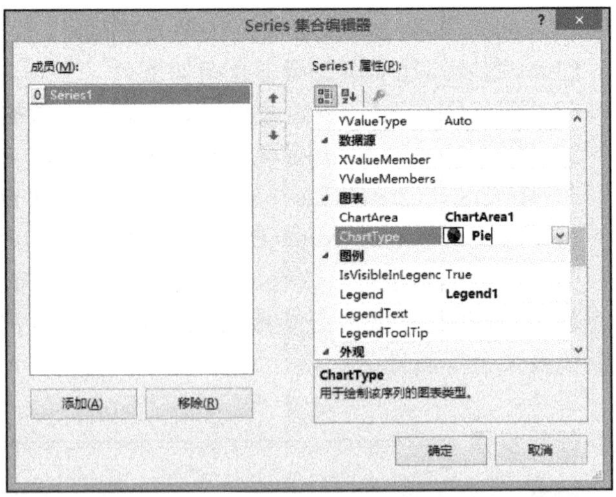

图 9-3　将图表设置为饼状图

02 窗体控件基本属性设置

设置“统计科目”组合框数据列表及 DataGridView 控件的初始数据：

```
private void fenketj_Load(object sender, EventArgs e)
```

```
{
    tongjibiao.Rows.Add(2); //添加两行数据
    tongjibiao.Rows[0].Cells[0].Value = "人数";
    tongjibiao.Rows[1].Cells[0].Value = "比例(%)";
    //生成第一列数据
    Database db = new Database( );
    DataSet ds = db.GetDataSet("select id,kemuming from kemu");
    kemu.DisplayMember = "kemuming";
    kemu.ValueMember = "id";
    kemu.DataSource = ds.Tables[0];
    //初始化下拉列表框(组合框)
}
```

设置优秀、良好、及格分值同步，改变优秀分值时，良好的最高分需要跟着变化，同样，改变良好最高分，需要使优秀分值同步，改变良好最低分，需要使及格最高分同步，依次类推，代码如下：

```
private void liang1_ValueChanged(object sender, EventArgs e)
{
   jige2.Value = liang1.Value;
}
private void jige2_ValueChanged(object sender, EventArgs e)
{
   liang1.Value = jige2.Value;
}
private void liang2_ValueChanged(object sender, EventArgs e)
{
   youxiu.Value = liang2.Value;
}
private void youxiu_ValueChanged(object sender, EventArgs e)
{
   liang2.Value = youxiu.Value;
}
```

03 生成统计数据，完成表格内容

统计之前，需要从页面上读取参数，使用一个获取参数函数，因为需要返回多个值，普通模式函数只能返回一个参数。因此，可以使用传址的方式调用函数，所谓传址，就是将变量本身传给函数，而不是复制一份，调用与声明均需要加上 ref，表示引用，引用完成后，函数中对参数的改变全局生效，而返回值只用于表示是否读取成功，具体代码如下：

```
private void BiaoGeTongJi( )
{
   int kid = 0, zrs = 0, yx = 0, lh = 0, jg = 0;
   if (GetPara(ref kid, ref zrs, ref yx, ref lh, ref jg))
   {
```

```
            tongjibiao.Rows[0].Cells[1].Value = yx;
            tongjibiao.Rows[0].Cells[2].Value = lh;
            tongjibiao.Rows[0].Cells[3].Value = jg;
            tongjibiao.Rows[0].Cells[4].Value = zrs - yx - lh - jg;
            tongjibiao.Rows[1].Cells[1].Value =
                ((decimal)yx/zrs*100).ToString("0.00");
            tongjibiao.Rows[1].Cells[2].Value =
                ((decimal)lh/zrs*100).ToString("0.00");
            tongjibiao.Rows[1].Cells[3].Value =
                ((decimal)jg/zrs*100).ToString("0.00");
            tongjibiao.Rows[1].Cells[4].Value =
                ((decimal)(zrs - yx - lh - jg)/zrs*100).ToString("0.00");
            //百分比算法:统计人数/总人数*100,即得到百分比值
            //.ToString("0.00")表示小数部分保留两位
        }
    }
    private bool GetPara(ref int kid, ref int zrs, ref int yx, ref int lh,
ref int jg)
    {
        try
        {
            kid = Convert.ToInt32(this.kemu.SelectedValue.ToString( ));
            Database db = new Database( );
            DataSet ds = null;
            string sql = "select count(*) from chengji where bukao=0 and kemu=" + kid;
            ds = db.GetDataSet(sql);
            zrs = Convert.ToInt32(ds.Tables[0].Rows[0][0].ToString( ));
            ds = db.GetDataSet(sql + " and chengji >=" + this.youxiu.Value);
            yx = Convert.ToInt32(ds.Tables[0].Rows[0][0].ToString( ));
            ds = db.GetDataSet(sql + " and chengji >=" + this.liang1.Value +
                  " and chengji <" + liang2.Value);
            lh = Convert.ToInt32(ds.Tables[0].Rows[0][0].ToString( ));
            ds = db.GetDataSet(sql + " and chengji >=" + this.jige1.Value +
                  " and chengji <" + jige2.Value);
            jg = Convert.ToInt32(ds.Tables[0].Rows[0][0].ToString( ));
            //分别统计各类分段数据
            return true;
        }
        catch
        {
            return false;
        }
    }
```

04 生成图表

先读取页面参数，并统计出各分数段数据，根据数据生成两个数组，传递给 chart1 的

第一个 Series，生成最终饼形图，代码如下：

```
private void TuXingTJ( )
{
    string[] s = { "优秀", "良好", "及格", "不及格" };
    int[] i = new int[4];
    int kid = 0, zrs = 0, yx = 0, lh = 0, jg = 0;
    if (GetPara(ref kid, ref zrs, ref yx, ref lh, ref jg))
    {
        i[0] = yx;
        i[1] = lh;
        i[2] = jg;
        i[3] = zrs - yx - lh - jg;
        //不及格人数等于总人数减去优秀、良好、及格 3 类成绩等次的人数
    }
    chart1.Series[0].Points.DataBindXY(s, i);
}
```

“统计”按钮事件直接调用以上两个函数，代码如下：

```
private void tongji_Click(object sender, EventArgs e)
{
    BiaoGeTongJi( );
    TuXingTJ( );
}
```

分别生成表格与图表，如果需要将描述文字放在图形外面，需要设置 Series 属性，打开“Series 集合编辑器”对话框，展开“杂项”选项，设置 PieLabelStyle 属性为 Outside，再设置 PieLineColor 的属性，调整连接线颜色，如图 9-4 所示。

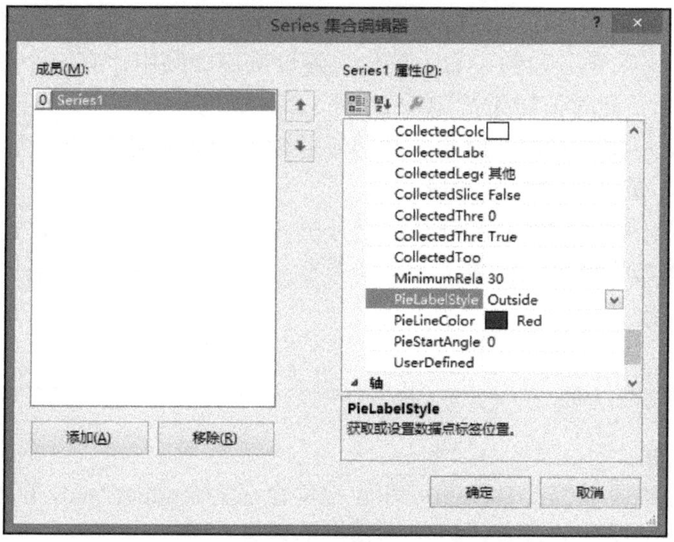

图 9-4　设置饼图的附加样式

任务总结

本任务实现了统计单科成绩的分数段，并生成饼图，主要知识点如下。

1）使用 Chart 控件生成饼图，Chart 控件的属性较复杂，但功能非常强大。

2）函数传址参数的使用。使用 ref 关键字可以通过函数实现参数值的回传。

3）浮点数据四舍五入输出字符串的格式设置方法。

任务 9-2 统计总成绩分数段，生成柱状图

任务分析

对总成绩进行分数段统计，并以柱状图展示结果，是成绩统计较常用的方式。生成柱状图，需要首先解决两个问题：一是使得多少个数据段显示结果，即分成多少等份；二是根据最高分与最低分确定每个层次的分数段。得出这两个数据后，生成柱状图就比较简单了。本任务更多的是一个数学问题。

统计分数段并生成柱状图

柱状图的基本设置

扫码观看视频

必备知识

确定分成多少等份问题，如果要做得很完美，比较困难，需要利用统计学原理，对数据进行分析处理，再决定分段的设置。例如，假设某班成绩中，有一个最低分 10 分，除此之外都是 40 分以上，此时，如果把 10～20 分、20～30 分、30～40 分分别进行统计，意义不大，因为后两段人数都为零，因此，利用专业软件或人工处理时，会将最低档分数设置为 40 分以下，而不是再细分各分数段。

本任务进行简化处理，将最高分与最低分的差实行 10 等份平分，也就是绘制 10 列的柱状图，此时，全部成绩段就构成了一个等差数列。根据等差数列的计算原理，很容易得出每个分数段的人数。

任务步骤

01 窗体布局

将用于显示分数段数据的 DataGridView 控件命名为 fenduanbiao，下面放置一个柱状图，柱状图需要进行一些属性的设置，以达到预期的效果。

1）设置风格线样式，默认是黑色实线，可以修改为灰色点线，设置方法：打开“ChartAera

集合编辑器”对话框，再打开“Axis 集合编辑器”对话框，分别设置 X 轴与 Y 轴，展开“辅助线”属性，设置 MajorGrid 控件的 LineColor 与 LineDashStyle 属性，以达到预期效果，如图 9-5 所示。

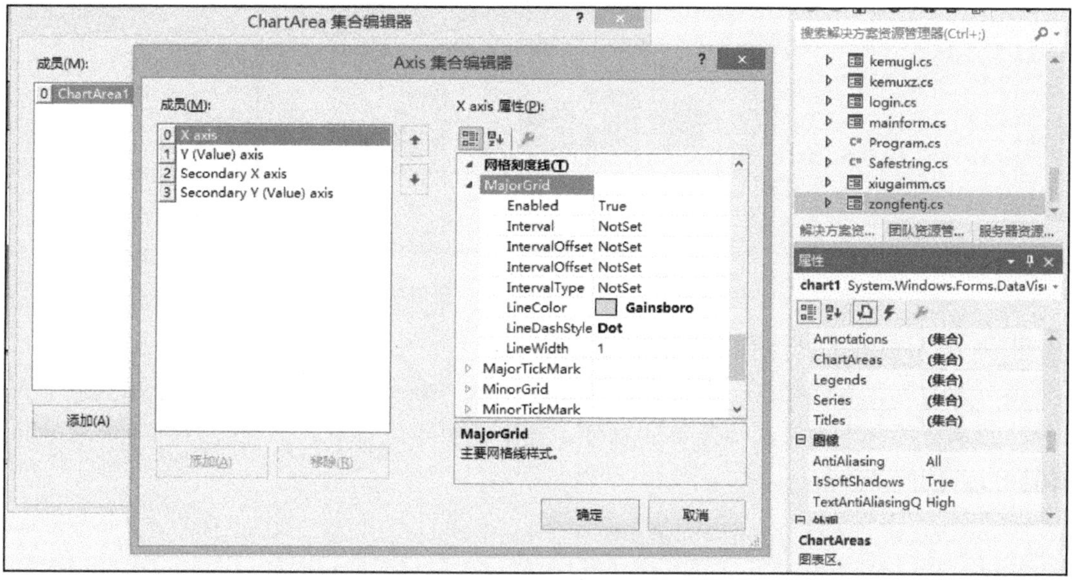

图 9-5 设置图表的辅助线样式

2）系统默认的柱数有限，最多为 8 个，当绘制 10 个柱子时，需要将 X 轴辅助线的间隔的 IntervalAutoMode 属性设置为 VariableCount（变数）面不是 FixCount（定数），如图 9-6 所示。

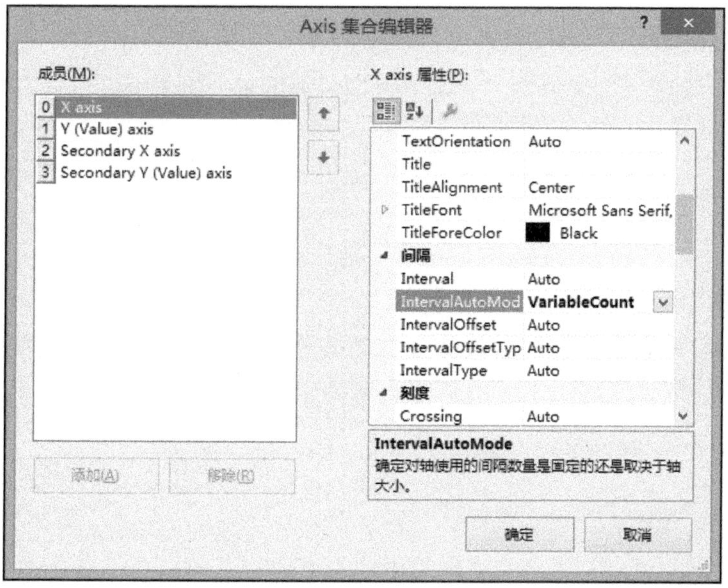

图 9-6 设置柱子数为变数

最终效果如图 9-7 所示。

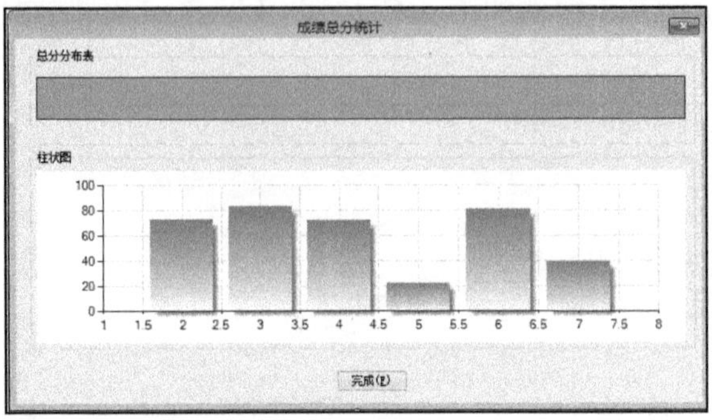

图 9-7 “成绩总分统计”窗口效果图

02 获取所有人的总分，以数组返回

每个人的所有成绩都在一个表中，因此，使用 Select 的汇总功能即可计算出每个人的总分，因本任务并不关心具体是谁的总分，并不需要学生信息，只需要得到一个总分分值数组即可，代码如下：

```
private float[] GetZongFen( )
{
    Database db = new Database( );
    DataSet ds = db.GetDataSet("select SUM(chengji) from chengji where
bukao=0 group by xuehao order by 1");            //从低到高排序
    int zr = ds.Tables[0].Rows.Count;     //总人数
    float[] zf = new float[zr];
    for (int i = 0; i < zr; i++)
    {
        zf[i] = Convert.ToSingle(ds.Tables[0].Rows[i][0].ToString( ));
        //将 DataSet 中的数据转换成 float 型
    }
    return zf;
}
```

03 计算各分数段人数

计算各分数段人数时，需知道最低分与最高分，这里以大于等于最低分且小于最高分的原则统计，统计数据来源于上一函数的生成结果，代码如下：

```
private int GetCount(float[] zf, int n, int m)
{
    int c = 0;
    for (int i = 0; i < zf.Length; i++)
    {
        if (zf[i] >= n && zf[i] < m)
            c++;
```

```
    }
    return c;
}
```

3 个接收参数中，zf 为总分数组，n 为最低分，m 为最高分，返回结果为该分数段人数。

04 在页面加载时，得到分数段信息与分数段百分比

利用上面两个函数的结果，以 10 个分数段为标准得到每个分数段的起止分数（整百）与各分数段的人数，代码如下：

```
private void zongfentj_Load(object sender, EventArgs e)
{
    float[] zf = GetZongFen( );
    int c = zf.Length;
    int min = (int)zf[0] / 100 * 100;
    //计算小于最低分的最大整百数
    int max = (int)zf[c - 1] / 100 * 100 + 100;
    //计算大于最高分的最小整百数
    int span = (max - min) / 10;
    //按 10 段分,计算平均分值间隔
    int[] list = new int[10];
    for (int i = 0; i < 10; i++)
    {
        list[i] = GetCount(zf, min + i * span, min + span * (i + 1));
    }
    SetTable(list, min, span);
    SetColumns(list, min, span);
}
```

以上代码需要弄清楚的是计算机小于最低分的最大整百数与大于最高分的最小整百数，例如，最低分是 130，则取 100 作为最低分数段起始值，若最高分为 458，则以 500 分为最高分数段结束值。

05 将统计结果以表格形式显示

代码如下：

```
/// <summary>
/// 根据传入参数设置统计表格
/// </summary>
/// <param name="l">各分段人数数组</param>
/// <param name="m">最小刻度</param>
/// <param name="sp">刻度数据间距</param>
private void SetTable(int[] l, int m, int s)
{
    fenduanbiao.Columns.Add("C", "分数段");
    fenduanbiao.Columns[0].Width = 80;
```

```
        fenduanbiao.Rows.Add( );
        fenduanbiao.Rows[0].Cells[0].Value = "人数";
        //以上部分创建左边列
        for (int i = 0; i < 10; i++)
        {
            fenduanbiao.Columns.Add("C" + i,
                (m + i * s) + "-" + (m + (i + 1) * s));
            //写入类似 100-120 的字符串作为表头
            fenduanbiao.Columns[i + 1].Width = 60;
            fenduanbiao.Rows[0].Cells[i + 1].Value = l[i];
        }
    }
```

以上 DataGridView 操作，相信读者已经比较熟悉了，这里不再赘述，需要说明的是，整数可以直接与字符串相加，得到的结果是字符串，同时把整数转换成字符串相连接。

06 绘制柱状图

首先根据各分数段的人数的最小刻度与间隔生成一个字符串数组，用于作为柱状图的文字描述。

```
/// <summary>
/// 根据传入的数据进行柱状图绘制
/// </summary>
/// <param name="l">各分数段人数数组</param>
/// <param name="m">最小刻度</param>
/// <param name="sp">刻度数据间距</param>
private void SetColumns(int[] l, int m, int sp)
{
    string[] s = new string[10];
    for (int i = 0; i < 10; i++)
    {
        s[i] = (m + i * sp) + "-" + (m + (i + 1) * sp);
    }
    chart1.Series[0].Points.DataBindXY(s, l);
}
```

图表赋值方法与饼图相同，传递两个数组作为参数，系统会自动生成柱状图。

任务总结

本任务完成了利用柱状图显示各分数段人数的功能，该功能的实现，更多的是数学知识，要求用数学的思维解决问题，数学在程序开发中一直占据着重要地位，详细知识点总结如下。

1）数学问题，根据最高分与最低分得到刻度范围，根据最小刻度与间隔，得到每一段的分数范围，进而统计出各分数段人数。

2）柱状图图像的属性设置比较复杂，需要认真研究。

单 元 小 结

图表是 Visual Studio 2010 开始新添加的一个控件，功能非常强大，能够制作出各类常用的统计图表，本单元以两个实例分别介绍了饼图与柱状图的生成方法。统计功能是管理系统的一个重要组成部分，统计学本是一门学科，掌握难度较大，但作为程序员，简单的数据统计与汇总还是需要掌握。

10

单元 10 项目最后的完善工作

单元导读

1. 修改系统密码的方法
2. 系统初始化功能设计
3. 帮助系统的原理与设计
4. “关于”功能的设计
5. 编程实现数据库配置

技能目标

1. 系统功能的完善
2. 帮助系统的开发
3. “关于”功能的设计
4. 数据库的配置

任务内容

1. 修改管理员密码
2. 系统初始化
3. 帮助系统
4. “关于”窗体
5. 配置数据库

单元重点

1. 修改系统密码的方法
2. 系统初始化功能设计
3. 帮助系统的原理与设计
4. “关于”功能的设计
5. 编程实现数据库配置

任务 10-1 管理员修改密码

任务分析

既然设置了数据库存储密码，这个密码就应该是可以变化的，修改密码是一个管理系统所必需的功能。修改密码时，要求首先输入原始密码，只有当原始密码输入正确后，才可以修改密码，为了确保用户无误操作，一般要求输入两次新密码，如果两次输入不同，则不能提交。

任务步骤

01 窗体布局

“修改管理密码”窗体布局较简单，包括 3 个密码输入文本框，第一个文本框用于输入原密码，后两个文本框用于两次输入新密码，执行效果如图 10-1 所示。

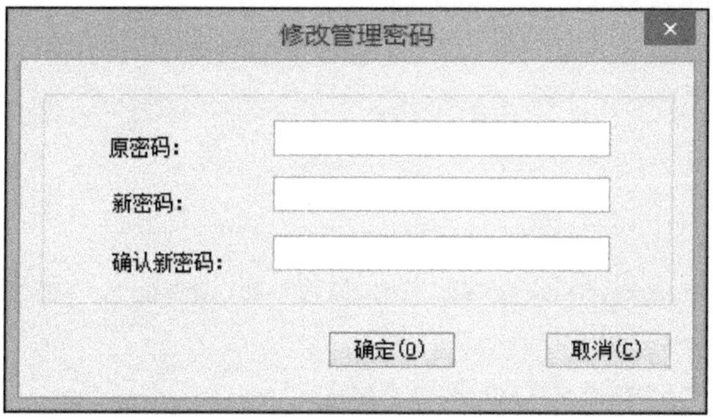

图 10-1 “修改管理密码”窗体效果图

02 代码编写

代码如下：

```
private void queding_Click(object sender, EventArgs e)
{
    if (xmm1.Text != xmm2.Text)
    {
        MessageBox.Show("两次密码不同",
            "验证失败",
            MessageBoxButtons.OK,
            MessageBoxIcon.Error);
```

```
            return;
        }
        Safestring sf = new Safestring( );
        string ypass = sf.MD5(ymm.Text);
        string npass = sf.MD5(xmm1.Text);
        //分别对输入的原密码与新密码加密处理
        Database db = new Database( );
        if (!db.DataExist("select count(*) from admin where username='admin'
and password='"
            + ypass + "'"))
        {
            MessageBox.Show("原密码错误", "验证失败",
                MessageBoxButtons.OK,
                MessageBoxIcon.Error);
            return;
        }
        if (db.ExcuteSql("update admin set password='" + npass +
            "' where username='admin'") > 0)
        {
            MessageBox.Show("修改成功!!", "操作完成",
                MessageBoxButtons.OK,
                MessageBoxIcon.Information);
            this.Close( );
        }
        else
        {
            MessageBox.Show("修改失败,原因不明,请查证", "操作完成",
                MessageBoxButtons.OK,
                MessageBoxIcon.Warning);
        }
    }
```

代码共分三大部分，第一部分判断两次输入的新密码是否相同，如果不同则提示错误并退出；第二部分判断原密码是否正确，如果不正确提示错误并退出；第三部分写入新密码，成功则提醒并退出，失败给出提醒。

任务总结

修改密码是最常用的功能之一，逻辑比较简单，无论是判断原密码是否正确，还是输入新密码都要进行加密处理。

任务 10-2 系统初始化

任务分析

系统初始化用于对系统各项数据与参数进行设置，初始化时需要清除原始数据，或者写入默认数据，因此，初始化之前，给出提醒信息很重要，以确保用户非误操作。

任务步骤

01 窗体布局

“系统初始化”窗体比较简单，效果如图 10-2 所示。

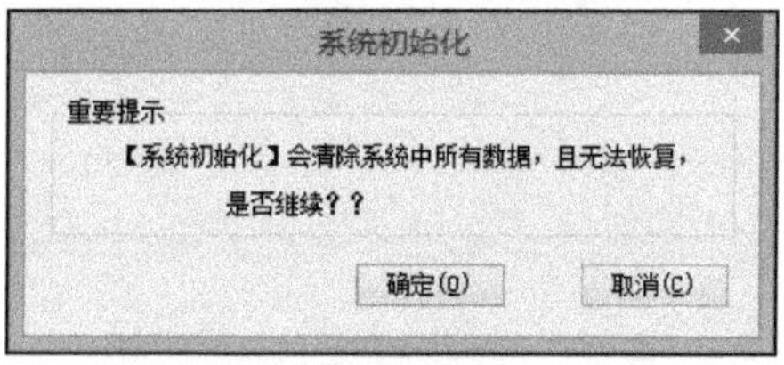

图 10-2 “系统初始化”窗体

提示文字在 Label 控件中，VS 中，Label 控件行间距很小，且无法简单地通过属性设置，最简单的办法就是加上空格，让空格占满一行，如图 10-2 所示，两行文字中间有一行空格。

02 代码编写

代码如下：

```
private void queding_Click(object sender, EventArgs e)
{
    if (MessageBox.Show("重要提示",
        "【系统初始化】 会清除系统中所有数据，且无法恢复，是否继续?",
        MessageBoxButtons.OKCancel,
        MessageBoxIcon.Warning) == DialogResult.Cancel)
        return;
    Database db = new Database( );
    db.ExcuteSql("delete from chengji");
    db.ExcuteSql("delete from dangan");
    db.ExcuteSql("delete from kemu");
    db.ExcuteSql("delete from banji");
}
```

首先给出提醒，用户确认后，执行删除操作即可。

任务总结

系统初始化功能用于将系统数据设置为默认值，执行的是数据清除工作，因此，要给出足够的提醒，确保用户不发生误操作。

任务 10-3 帮助系统

任务分析

一套完整的软件，帮助系统是不可少的，帮助系统主要用于帮助用户使用本系统，可以认为是一个使用说明书，因帮助系统中难免要使用图片等富媒体（包含除文字以外的信息，如图片、声音、视频等）功能，因此一般采用网页形式组织。

必备知识

因帮助系统需要使用图片、音乐、视频等富媒体信息，因此，最理想的方案是采用超文本标记语言（HTML），常用的方式有以下 3 种。

1）使用.hlp 文件，需要使用专业工具生成，一般使用 windows 目录下的 winhelp.exe 解释 hlp 文件。

2）使用.chm 文件，用于替换.hlp 格式文件，.chm 文件格式本质是一组 HTML 文档，支持 HTML 中的各类标签与 CSS 样式，同时还支持 JavaScript 脚本与 Flash 等媒体，通过 Windows 自带的 hh.exe 解释，但需要使用第三方工具制作.chm 文件。

3）直接使用 HTML 语言，将帮助系统设计成一个网页，再用 VS 自带的 WebBrowser 控件解释并显示内容，使用比较方便。

任务步骤

01 生成帮助文档

用 Dreamweaver 等网页开发工作制作一个帮助页面，可以作为文件保存在系统目录下，也可以作为资源保存到项目中。

02 添加窗体

添加一个窗体，设置好大小、位置、标题等属性后，直接插入一个 WebBrowser 控件，将其 Url 属性指向生成的 HTML 文件即可。

因应用程序位置可能会发生变化，因此，设置固定的 Url 地址的方案并不可行，而应该设置为动态路径，最有效的方法是通过 Load 事件给 WebBrowser 控件赋值，代码如下：

```
private void help_Load(object sender, EventArgs e)
{
    this.webBrowser1.Url = new Uri(Application.StartupPath +
                            "/help/帮助文档.html");
}
```

以上代码中，help 是文件夹，帮助文档.html 是帮助系统首页文件名，注意路径符号，也可以用以下形式表示：

```
    this.webBrowser1.Url = new Uri(Application.StartupPath + "\\help\\帮助
文档.html");或
    this.webBrowser1.Url = new Uri(Application.StartupPath + @"\help\帮助文
档.html");
```

任务总结

帮助系统本身不需要编程，可以采用 3 种方式中的一种，.hlp 格式的帮助系统已经基本淘汰，建议使用.chm 格式或直接使用 HTML 网页，使用.chm 文件时，打开前需要读取系统注册表，获得 hh.exe 工具的具体位置，然后调用工具打开帮助文件。相应的制作工具及使用方法可以查阅相关技术资料。

任务 10-4 “关于”窗体

任务分析

VS 中有一个专门的“关于”窗体，可以不进行任何设置即得到一个简单的“关于”窗体，当然也可以不使用系统自带的模板，自行开发。

任务步骤

01 添加“关于”窗体

在项目中添加新项，选择“关于”选项，即生成一个“关于”窗体，如图 10-3 所示。

这里需要注意的是，直接在窗体修改内容并不生效，因为“关于”窗体加载时会自动读取项目信息，并显示在相应位置。

图 10-3 “关于”窗体

02 设置相关信息

打开 Properties 目录下的 AssemblyInfo.cs 文件，找到如下代码并修改相应信息即可：

```
[assembly: AssemblyTitle("学生档案管理系统")]
//软件标题
[assembly: AssemblyDescription("欢迎盗版,侵权不纠")]
//软件说明
[assembly: AssemblyConfiguration("")]
//配置信息,不显示,可以不填写
[assembly: AssemblyCompany("未来注册公司")]
//公司名称
[assembly: AssemblyProduct("学生档案管理系统")]
//产品名称
[assembly: AssemblyCopyright("Copyright © 2015")]
//版权信息
[assembly: AssemblyTrademark("")]
//商标,不显示
[assembly: AssemblyCulture("")]
//必须空
[assembly: AssemblyVersion("1.0.0.0")]
//软件版本
[assembly: AssemblyFileVersion("1.0.0.0")]
//文件版本
```

任务总结

“关于”窗体也是软件开发常用的功能之一，需要注意的是，如果使用系统提供的“关于”窗体，内容不能直接输入，而是需要修改项目属性文件。

任务 10-5 数据库配置功能的实现

任务分析

数据库的连接，根据使用环境的不同，连接字符串会有差异，如本地数据库与远程数据库，不同版本的数据库，甚至是同一版本数据库的企业版与开发版也有所不同，因此，数据库的连接字符串不能固定不变，而应该根据不同环境进行动态配置。

必备知识

动态配置数据库有以下两种方法。

1）连接字符串中添加附加数据库，使用 AttachDbFilename 属性，例如，Data Source=.\\SQLEXPRESS; AttachDbFilename=c:\\database\\student.mdf; Initial Catalog = student; Integrated Security = True，表示打开本机的 student 数据库，如果数据库不存在，则自动附加 c:\database\student.mdf 文件，当然可以通过程序获取应用程序相对路径，以便于程序移植。

2）开发一个数据库配置工具，根据用户参数生成连接字符串，同时还需要用户手工附加数据库到系统中。生成的连接字符串需要保存在磁盘文件中或注册表中，以便于应用程序每次读取使用。

以上两种方法都可以使用，但不建议使用第一种方案，当应用程序在不同的工作目录工作时，可能导致数据不同步，同时 DataSource 也需要配置而采用第二种方案时，数据库与软件主目录无关，可以保证数据统一。

本任务以实现第二种方案为任务目标，这也是大多数数据库应用软件所使用的方法，如果要做得很完善，则需要将两种方案综合起来考虑。

任务步骤

01 新建“配置数据库”窗体

执行效果如图 10-4 所示。

02 通过登录方式组合框的不同选择，设置“连接用户名”与“连接密码”文本框的有效性

代码如下：

```
private void comboBox1_SelectedIndexChanged(object sender, EventArgs e)
{
    if (this.comboBox1.SelectedIndex == 1)
```

```
    {
        this.textBox2.Enabled = true;
        this.textBox3.Enabled = true;
    }
    else
    {
        this.textBox2.Enabled = false;
        this.textBox3.Enabled = false;
    }
}
```

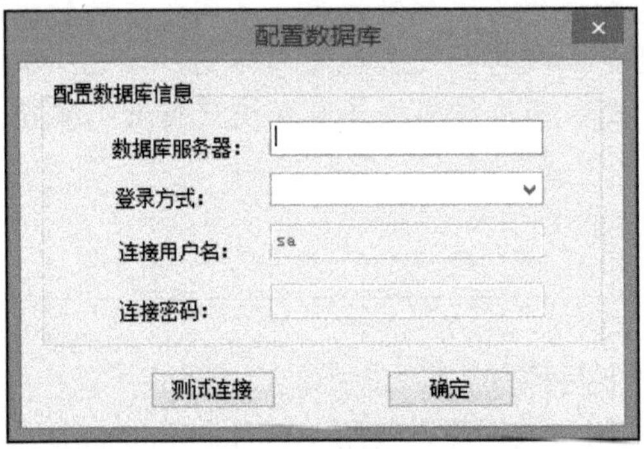

图 10-4　“配置数据库”窗体

当配置为 Windows 登录方式时，不需要连接用户名与密码，因此，设置文本框为失效状态。

03 编写测试代码

首先读取窗口参数，以判断输入是否完整，因生成连接字符串与测试时都要使用，因此以自定义函数的方式实现，代码如下：

```
private bool CanShu( )
{
    if (this.textBox1.Text.Trim( ) == "")
    {
        MessageBox.Show("服务器名不能为空");
        return false;
    }
    if (comboBox1.SelectedIndex == -1)
    {
        MessageBox.Show("登录类型不能为空");
        return false;
    }
    if (comboBox1.SelectedIndex == 1 && this.textBox2.Text.Trim( ) == "")
    {
        MessageBox.Show("连接用户名不能为空");
        return false;
```

```
    }
    return true;
}

private string GetConnetString( )
{
    string connstr = "Data Source=" + this.textBox1.Text +
                   ";Initial Catalog=student;";
    if (this.comboBox1.SelectedIndex == 0)
    {
        connstr += "Integrated Security=True";
    }
    else
    {
        connstr += "uid=" + this.textBox2.Text + "; pwd=" + this.textBox3. Text;
    }
    return connstr;
}
```

第一个函数用于判断参数的完整性，第二个函数用于根据窗口参数生成连接字符串。最后添加测试按键代码，有于验证生成的连接字符串是否有效：

```
private void button1_Click(object sender, EventArgs e)
{
    if (!CanShu( ))
        return;//若参数不完整,则不进行测试
    try
    {
        SqlConnection conn = new SqlConnection (GetConnetString( ));
        conn.Open( );
        if (conn != null)
        {
            MessageBox.Show("数据库连接成功!", "测试结果", MessageBoxButtons.OK,
            MessageBoxIcon.Information);
        }
        conn.Close( );
    }
    catch
    {
        MessageBox.Show("数据库连接失败!", "测试结果",
        MessageBoxButtons.OK,
        MessageBoxIcon.Error);
    }
}
```

判断连接有效性，直接通过使用 try 捕获异常实现，只要打开连接正常，即认为连接字符串是正确的，否则会产生异常，产生异常则表示连接失败。

04 生成连接字符串，保存到配置文件中

最后将生成的文件保存到配置文件中（也可以保存于注册表），代码如下：

```
private void button2_Click(object sender, EventArgs e)
{
    StreamWriter sw = new StreamWriter(Application.StartupPath + "/
                      database.dat", false);
    sw.WriteLine(GetConnetString( ));
    sw.Close( );
    this.Close( );
}
```

常规写文件操作，与保存用户名功能相同，详见单元 3 相关说明。

05 修改 database.cs 文件，动态获取连接字符串

前面生成 database 类时，使用固定数据库连接字符串，需要修改为动态读取连接字符串，具体修改代码如下，加粗为修改部分：

```
class Database
{
    SqlConnection conn = null;
    string constr = "Data Source=.\\SQLEXPRESS;Initial Catalog=
                    student;Integrated Security=True";
    //设置默认连接字符串
    private bool Open( )
    {
        if (File.Exists(Application.StartupPath + "\\database.dat"))
        {
            StreamReader sr = new StreamReader(Application.StartupPath
                           + "\\database.dat");
            constr = sr.ReadLine( );
            sr.Close( );
        }

        if (conn == null)
        {
            conn = new SqlConnection(constr);
            try
            {
                conn.Open( );
                return true;
            }
            catch
```

```
                {
                    return false;
                }
            }
            return true;
        }
        …
    }
```

任务总结

本任务实现了用配置文件保存数据库连接字符串的功能，主要用于解决当客户数据库环境与开发者数据库环境不同时的兼容性问题，主要知识点如下。

1）理解数据库连接字符串各部分的含义。

2）动态生成数据库连接字符串。

【思考】 能否将数据库连接字符串存放于数据库中？

单元小结

系统主功能开发完成后，还有一些善后收尾工作需要处理，这其中比较重要的是帮助系统与数据库配配置。帮助系统被认为是系统的一个组成部分，几乎每一个成熟的系统都有一个完整的帮助系统。不同的工作环境，数据库的配置一般是不同的，一般安装完成后就要进行数据库配置，本单元也是将数据库配置功能放到登录页面，因为数据库连接不正常时，是无法正常登录的。实际项目开发中，甚至数据库都不用附加进数据库管理系统，而是初始化时系统自动生成或附加数据库，这样开发工作量较大，有兴趣的读者可以自行研究。

修改密码功能简单，但非常重要，当系统提交给客户使用后，管理员忘记了密码怎么办？这是一件很麻烦的事情，一般需要加上一个找回密码的功能，包括邮箱、短信、或保密问题等方式，这些找回方式还是有一些限制，因此，很多开发人员会在系统中留下一下隐藏的超级管理员账号，一般不会告诉客户，用于特殊情况下应急使用。

单元11 程序的测试

单元导读

1. 软件测试的基本概念
2. 墨盒测试概念与方法
3. 编写测试用例
4. 测试过程与结果反馈

技能目标

1. 理解软件测试的概念与方法
2. 熟悉软件测试一般流程
3. 理解测试用例

任务内容

1. 编写测试计划
2. 对登录功能测试
3. 对学生管理系统的班级档案管理功能进行测试

单元重点

1. 软件测试基础概念
2. 常用黑盒测试方法
3. 编写测试用例
4. 测试过程
5. 反馈测试结果

软件测试是在规定的条件下对程序进行操作，以发现程序错误，衡量软件质量，并对其是否能满足设计要求进行评估的过程。软件测试的目的是发现软件中的各种缺陷：软件中的缺陷通常称作“BUG”。我们常说，程序中一定存在着 BUG，只是可能还没有被发现。严重的 BUG 对于程序来说是致命的，很可能导致结果出现错误，甚至程序的崩溃。测试的首要目的，是尽可能的发现程序中的 BUG，提交给开发人员进行修改。

软件测试需衡量程序是否准确实现需求设计，程序的界面、模块和功能需要严格按照需求设计方案来执行。如果做出来的软件完全不符合用户的要求，那又有什么用呢？软件测试还需要检查程序的执行效率和负载能力：测试程序是否能够快速、高效地完成指定的工作，以及面对大量的数据运算和数据访问时是否能够正常运行。

由于软件的复杂性和抽象性，在程序开发各阶段都可能产生错误，所以不应把软件测试仅仅看作软件开发的一个独立阶段，而应当把它贯穿到软件开发的各个阶段去。这样才能尽早发现和预防错误，提高软件质量，测试工作进行得越早，越有利于提高软件的质量。

软件测试不能无限进行下去，必须设定时间应适时终止。因为，测试输入量大、输出结果多、路径组合太多，用有限的资源来达到完全测试是不现实的。软件测试中有集群现象，即发现错误数目越多的程序段残存在其中的错误也越多，应当花较多的时间和代价测试那些具有更多错误数目的程序模块。

程序员应避免检查自己的程序：一方面，考虑到人们的心理因素，自己揭露自己程序中的错误是件不愉快的事，自己不愿意否认自己的工作;另一方面，由于思维定势，自己难以发现自己的错误。因此，在软件测试的过程中，学生们应该尽量和其他组进行交叉测试。

任务 11-1 编写测试计划

任务分析

软件测试是有组织、有计划、有步骤的活动，通常包括：需求分析阶段、测试计划阶段、测试设计阶段、测试执行阶段、测试反馈阶段。我们前面对学生档案管理系统已经进行需求分析，相关文档可以查阅前面单元。本任务要求在测试前编写测试计划，整个测试过程严格按照测试计划进行，避免随意测试。

必备知识

进行软件测试之前要编写测试计划，测试计划内容参考以下方面。

1）测试计划简介：在测试计划的最前面通常会对这个测试计划有一个简单的介绍，说明这个测试计划的功效。

2）需要测试什么：比如功能和性能测试，需要测试哪些功能。

3）不需要测试什么 ：如果该软件是继承了之前的软件，有哪些新功能，哪些受新功能影响的功能需要测试，哪些功能不需要测试都要说明。

4）测试时间安排：什么时候开始什么测试，什么时候测试结束。

5）测试人员安排：人员安排及其分工。

6）测试需要的硬件或者环境。

任务步骤

小组讨论完成“学生档案管理系统”的测试计划，见图 11-1。

“学生档案管理系统”测试计划

测试计划简介：“学生档案管理系统”根据需求分析开发，完成了“登录与注册”功能、“档案管理”功能、“成绩管理”功能、“数据查询”功能、“数据统计”功能、其他功能。本次测试只针对其中两项主体功能展开功能测试。

测试目标：测试“学生档案管理系统”的“登录与注册”功能、“档案管理”功能

测试目的：判定各功能模块，是否满足规定的要求

测试分析：本系统采用 C/S 模型设计

测试方法：对登录功能进行黑盒测试，测试方法为手工测试

测试时间及安排：

测试人员及安排：

测试环境描述：

软 件 环 境	硬 件 环 境
● 操作系统： ● 数 据 库：	● PC 机： ● 网络：

图 11-1 “学生档案管理系统”测试计划卡

任务总结

要想使软件测试能够按部就班的顺利进行，并且得到一个好的测试效果，就必须有一个详细、全面、准确的测试计划。

任务 11-2 对登录功能测试

任务分析

系统开发完成后，我们需要对登录功能模块进行严格测试。登录功能测试是软件开发过程中必不可少的一环。

必备知识

软件测试分为白盒测试和黑盒测试。白盒测试是通过程序的源代码进行测试而不使用界面。这种类型的测试需要从代码句法发现内部代码在算法、溢出、路径、条件等中的缺点或者错误，进而加以修正。黑盒测试又被称为功能测试、数据驱动测试或基于规格说明的测试，是通过使用整个软件或某种软件功能来严格地测试，而并没有通过检查程序的源代码或者很清楚地了解该软件的源代码程序具体是怎样设计的。

本项目任务所采用的测试方式，均为黑盒测试。

任务步骤

01 编写测试用例（见表 11-1）

表 11-1　测试用例表 1

用例 ID：		001	项目名称：	学生档案管理系统-登录功能	
开发人员：			设计日期：		
测试人员：			测试日期：		
测试方法：		黑盒			
编号	描述/操作		预期结果/输出	实际结果	结果比较说明
1	使用合法用户名和密码登录		登录成功		
	使用错误的用户名或密码登录		显示用户名或密码错误提示信息		
3	用户名为空登录		显示请输入用户名提示信息		
4	改变合法用户名或密码的大小写登录		显示用户名或密码错误提示信息		
5	在合法用户名或密码前插入空格		显示用户名或密码错误提示信息		
6	在合法用户名或密码中间插入空格		显示用户名或密码错误提示信息		

续表

编号	描述/操作	预期结果/输出	实际结果	结果比较说明
7	在合法用户名或密码后插入空格	显示用户名或密码错误提示信息		
8	使用已被删除的账号登录	显示不存在此用户等相应提示信息		
9	登录界面是否支持快捷键，如 Tab，Enter 键	Tab 键能按照顺序切换焦点，Enter 键能焦点于登录按钮上		
10	密码为空进行登录	显示请输入密码，密码不能为空提示信息		
11	用户名和密码均为空登录	显示请输入用户名和密码提示信息		
12	用户名中含有全角字符登录	显示用户名或密码错误提示信息		
13	密码中含有全角字符登录	显示用户名或密码错误提示信息		
14				

02 测试实施

测试用例编写完成后就可以开始做测试了，做测试时要按照测试用例进行，要确保每条用例至少执行了一次，每执行一条用例就要对比一下软件系统的实际输出和期望输出是否一致，如果不一致，请将测试结果记录到测试报告中。实际测试时不要漏掉任何的不一致情况，因为这些不一致就是软件系统的问题所在。对于软件输出不一致的用例，最好多执行一次，尽量定位软件问题所在，以便于开发人员修改。

任务总结

软件的登录功能测试过程非常的严格，测试条目非常细，需要逐条认真检查。

任务 11-3 对学生管理系统的班级档案管理功能进行测试

任务分析

我们需要对“档案管理”功能模块功能进行测试。测试的目的是为了发现程序中存在的问题或错误，提交给开发人员进行及时的修改，以保证开发出来的程序能够顺利运行并且符合设计要求。在整个开发过程中，我们要不断对完成的部分进行测试，直到最终发布。

必备知识

等价类划分法：等价类划分法是把程序的输入项划分成若干部分（子集），然后从每个部分中选取少数代表性数据作为测试用例。每一类的代表性数据在测试中的作用等价于这一类中的其他值。等价类划分有两种不同的情况：

有效等价类指对于程序的规格说明来说，是合理的、有意义的输入数据构成的集合。利用有效等价类可检验程序是否实现了规格说明中所规定的功能和性能。

无效等价类和有效等价类相反，无效等价类是指对于软件规格说明而言，没有意义的、不合理的输入数据集合。利用无效等价类，可以找出程序异常说明情况，检查程序的功能和性能的实现是否有不符合规格说明要求的地方。

任务步骤

01 设计和编写测试用例

测试用例：对程序进行测试任务的描述，包含测试输入、执行条件和预期结果，体现测试方法、技术和策略的文档集合。设计测试用例是测试工作的核心，需要尽可能的覆盖各种合理和不合理的情况。常见的测试用例如表 11-2 所示。

表 11-2　测试用表例表 2

用例 ID：	002	项目名称：	学生档案管理系统-班级档案管理功能	
开发人员：		设计日期：		
测试人员：		测试日期：		
测试方法：	黑盒			
编号	描述/操作	预期结果/输出	实际结果	结果比较说明
1	点击“档案管理”-“学生档案管理”	打开班级学生档案管理界面		
2	双击一条学生档案数据	打开该学生个人档案界面		
3	点击“添加”按钮	打开新增档案界面		
4	点击“修改”按钮	打开该学生个人档案界面		
5	点击“删除”按钮	弹出“是否删除一条记录”消息框		
6	点击“关闭”按钮	关闭班级学生档案界面		
7	点击“添加”按钮，输入符合数据格式要求的学生信息，点击“确定”按钮	添加数据成功，并显示在档案列表中		
8	点击“添加”按钮，不输入姓名，其他数据正常输入，点击“确定”按钮	弹出“姓名至少两个汉字”提示		
9	点击“添加”按钮，姓名一栏输入字母，其他数据正常输入，点击“确定”按钮	弹出“姓名必须为中文”提示		
10	点击“添加”按钮，姓名一栏输入数字，其他数据正常输入，点击“确定”按钮	弹出“姓名必须为中文”提示		

例如，在测试添加学生信息的功能时，“姓名”一栏输入真实有效的名字比如“张三”，这就属于有效等价类的测试。如图 11-2 所示。

无效等价类：与有效等价类的定义恰巧相反。

例如，“姓名”一栏输入错误无效的名字比如“Aa 张”或者“张 123”，这就属于无效等价类的测试，如图 11-3 所示。

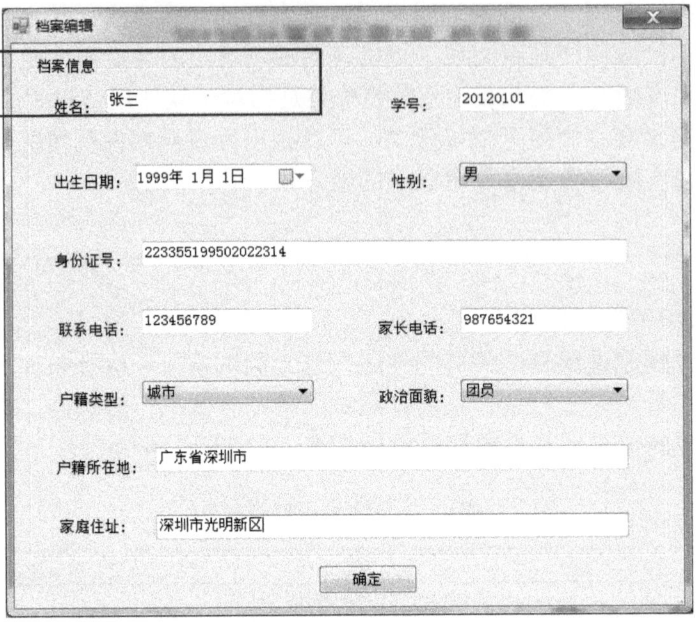

图 11-2　有效等价类

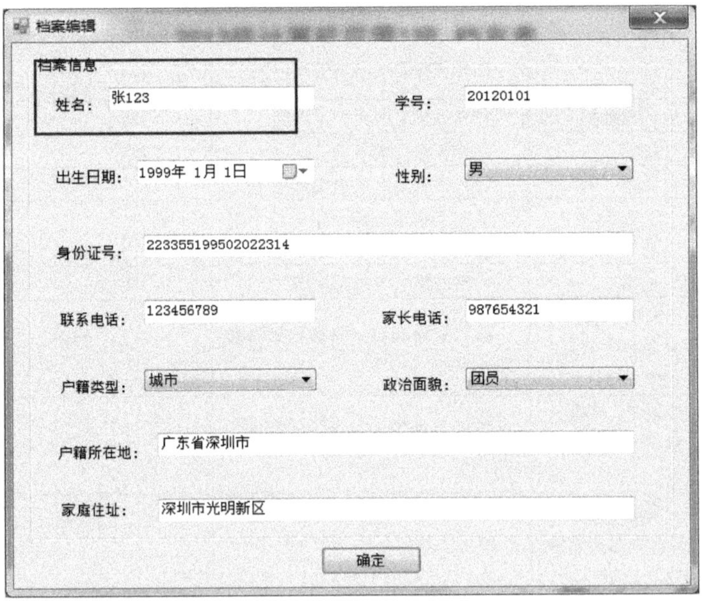

图 11-3　无效等价类

边界值分析法：根据大量的测试统计数据，很多错误是发生在输入或输出范围的边界上，而不是发生在输入/输出范围的中间区域。因此针对各种边界情况设计测试用例，可以查出更多的错误。

例如，根据教育部门的要求，学生学号必须为 8 位数字，则需要重点测试当输入学号是 7 位和 9 位数字时（图 11-4 所示），是否能够处理这种情况并弹出提示。

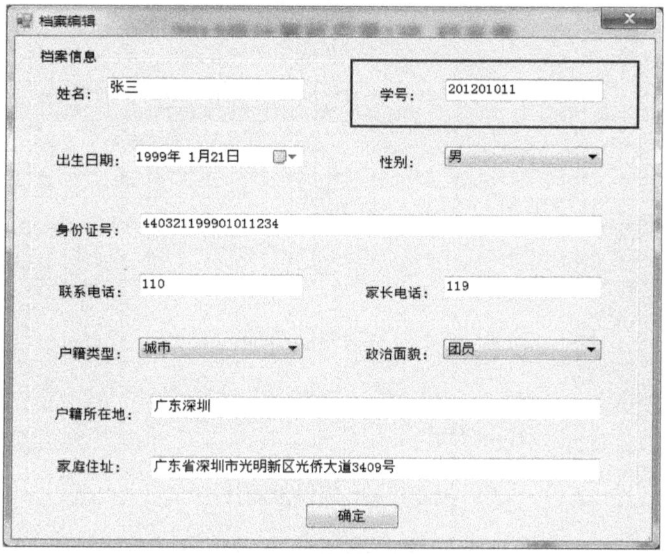

图 11-4 边界值分析法

再比如，假如限定学生的出生日期是从 1995-01-01 到 2005-01-01 的一个时间段，那么需要重点测试边界值为 1994-12-30 和 2005-01-02 的情况。

错误推测法：基于经验和直觉推测程序中所有可能存在的各种错误，从而有针对性地设计测试用例的方法。列举出程序中所有可能有的错误和容易发生错误的特殊情况，根据他们选择测试用例。

例如，学号在学生信息表中是唯一且不能为空的主键。根据这个特点，我们推测出当数据库中已经有学号为“20100101”的学生信息时，当我们再次添加该学号数据时，程序应弹出错误提示，如图 11-5 所示。

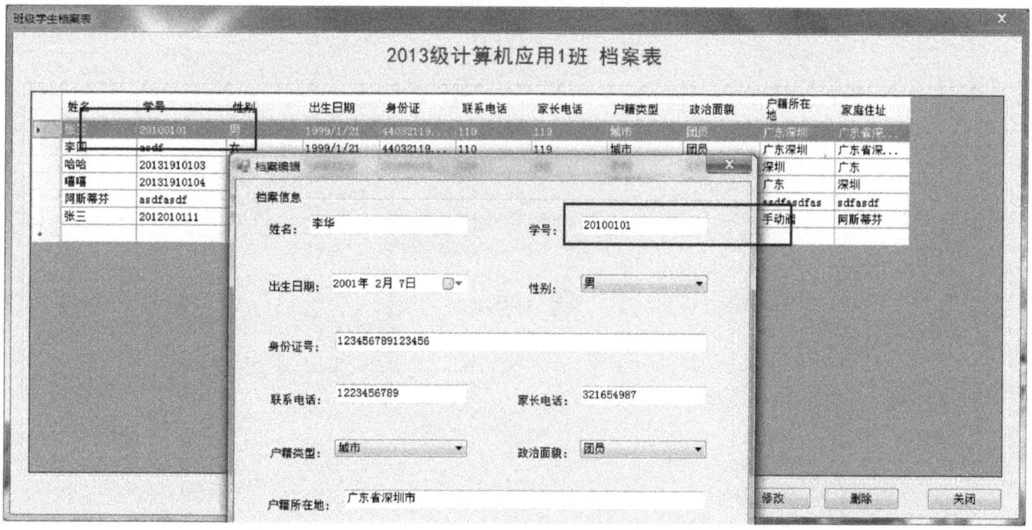

图 11-5 错误推测法

同时我们还推测出，当学号一栏为空时，程序应弹出错误提示，如图 11-6 所示。

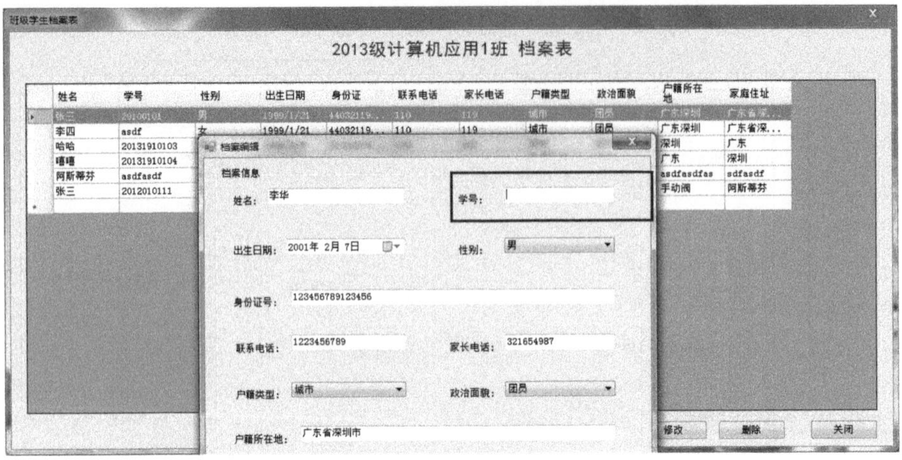

图 11-6　错误推测法

在测试用例的设计过程中，我们应严格按照需求方案，综合使用多种设计方法来编写测试用例，尽可能考虑到各种正常和可能出现的异常情况，力求最大限度的覆盖到程序的各个逻辑部分，并形成规范、清晰的测试用例文档。

02 实施测试

【注】点击“添加”按钮，学号一栏为空，其他数据正常输入，点击“确定”，弹出提示“数据不能为空”，则测试结果为通过。

完成测试用例的编写后，学生们应进行交叉测试，互相测试对方的功能模块。测试时按照测试用例逐条进行测试，完成一条用例的测试，应立即填写时否通过测试的结果。当测试结果出现异常时，在备注中注明错误现象，并将该条测试用例高亮标注，如图 11-7 和图 11-8 所示。

图 11-7　通过测试

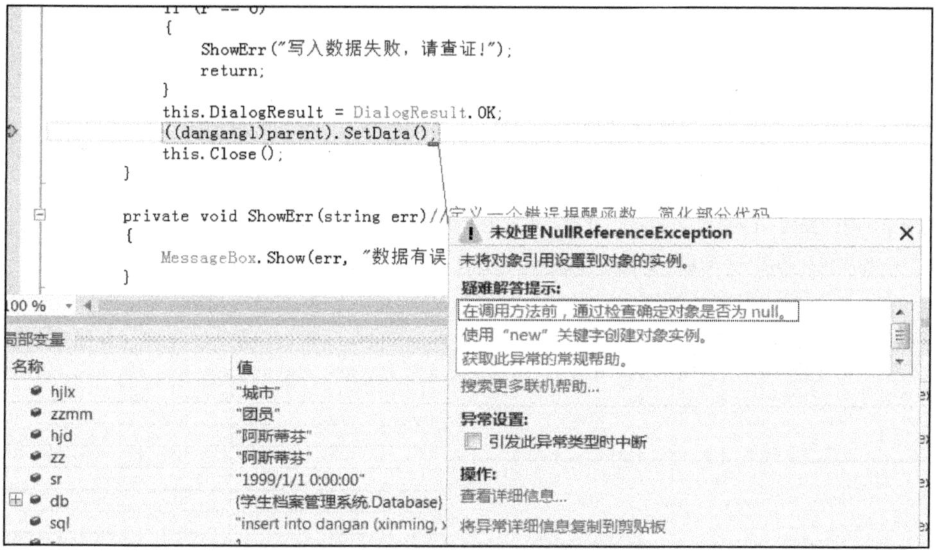

图 11-8　未通过测试，程序崩溃

【注】点击"添加"按钮，学号输入 9 位数字"201201011"，其他数据正常输入，点击"确定"，如果弹出提示"学号必须为 8 位数字"，则测试结果为无法通过，代码出现空指针异常，程序崩溃。

完成测试后，将测试用例提交给开发人员进行修改，当修改完成后应再次对所有测试用例进行测试。切记不能忽略之前通过的测试用例，因为程序员在修改错误的过程中，有可能将之前正确的部分改动导致错误出现，所以每次测试都要对用例进行完整的测试。

任务总结

软件测试是开发过程中非常重要的部分，是产品质量的生命线。应尽早和不断地进行测试，并贯穿于整个开发过程中。

测试用例是测试工作的核心，必须严格按照需求说明，综合多种设计方法规范的编写测试用例，尽可能的覆盖到程序的各个功能模块。

必须进行分组交叉测试，保证测试的质量。

每一轮测试必须对所有用例进行测试，不能忽略之前通过的测试项目。

单 元 小 结

软件漏洞俗称 Bug，产生原因大多是由于软件设计缺陷或程序员的疏忽造成的，Bug 几乎伴随着软件生命期而存在。因此，经常出现系统补丁也就见怪不怪了。软件功能越来越复杂，企业一般会有专门的测试团队进行测试工作，软件测试已经成了一门的独立学科，在企业内也是一个独立工种。但小微型企业一般没有专门的测试团队，测试工作都由程序员兼任，另外，程序也需要掌握一些软件测试的知识才能尽量减少软件 Bug 的产生。因此，作为一名程序开发人员，掌握一些基本的软件测试技术是十分必要的。

参 考 文 献

李飞，叶元卯．2012．Visual C#程序设计实验教程[M]．北京：电子工业出版社．

刘甫迎．2012．C#程序设计教程[M]．3 版．北京：电子工业出版社．

宋文强，熊壮．2010．C#程序设计[M]．北京：高等教育出版社．

王小科，赵会东，等．2012．C#求职宝典[M]．北京：电子工业出版社．

赵敏．2011．C#程序设计基础——教程、实验、习题[M]．北京：电子工业出版社．